华北地区植物资源保护与利用

刘鸿雁　唐志尧　主编

科学出版社

北京

内 容 简 介

全书基于作者多年来野外调查的成果，评估了华北地区中草药植物、重要经济植物和珍稀濒危植物在自然保护区内出现的情况，明确了其保护现状和保护空白。为了更好地呈现华北地区植物资源状况，作者挑选了一些代表性的区域和类型，对其植物资源状况进行全面阐述。后一部分内容是对区域植物资源研究的长期工作积累总结。

本书旨在为读者认识华北地区强烈人为干扰背景下植物资源的保护现状提供基本素材，可供从事自然地理学、生态学、自然资源管理、自然保护的研究人员和高等院校师生作为参考，同时也适合从事植被地理学和植被生态学研究的研究生使用。

审图号：GS（2021）7465 号

图书在版编目（CIP）数据

华北地区植物资源保护与利用/刘鸿雁，唐志尧主编. —北京：科学出版社，2021.12
ISBN 978-7-03-070934-9

Ⅰ. ①华… Ⅱ. ①刘… ②唐… Ⅲ. ①植物资源-资源保护-华北地区②植物资源-资源利用-华北地区 Ⅳ. ①Q948.522

中国版本图书馆 CIP 数据核字（2021）第 261857 号

责任编辑：郭允允 彭胜潮 白 丹/责任校对：何艳萍
责任印制：吴兆东/封面设计：无极书装

科 学 出 版 社 出版
北京东黄城根北街 16 号
邮政编码：100717
http://www.sciencep.com
北京建宏印刷有限公司 印刷
科学出版社发行 各地新华书店经销
*
2021 年 12 月第 一 版 开本：720×1000 B5
2023 年 1 月第二次印刷 印张：11
字数：214 000
定价：88.00 元
（如有印装质量问题，我社负责调换）

《华北地区植物资源保护与利用》
编写委员会

主编：刘鸿雁　　唐志尧
编委：（按姓氏汉语拼音排序）

高贤明　　郭卫华　　韩文轩　　黄永梅

吉成均　　江　源　　康慕谊　　梁存柱

刘全儒　　石福臣　　王仁卿　　于海湉

岳　明　　张　峰　　郑成洋

前　言

　　华北地区是我国最早出现人类活动的主要区域，这一地区的植被被打上了深刻的人类活动的烙印。在长期人类活动的影响下，华北地区植物资源现状如何？2011～2016 年执行的国家科技基础性工作专项"华北地区自然植物群落资源综合考察"（编号：2011FY110300）为我们提供了回答这一问题的契机。在项目执行期间，10 个单位百余名师生经过努力，完成了 10000 余个植物群落样方的详细调查，除植物群落本身的信息外，每个样方中记录了详细的植物种类组成及每个物种的多度和盖度信息，为开展植物资源评估提供了素材。

　　然而，完成华北地区植物资源的全面评估是一项非常复杂的工作。首先，植物资源的含义非常广泛，涉及植物利用价值的方方面面。本书不仅开展中草药植物和重要经济植物研究，还根据自然保护的需要，涉及了珍稀濒危植物研究。即使是这三类植物，目前也没有统一的清单，本书尽可能根据被广泛接受的名录开展评估。其次，植物资源的评估没有固定的范式，本书主要评估中草药植物、重要经济植物和珍稀濒危植物在自然保护区内出现的情况，明确其保护现状和保护空白。最后，基于植物群落调查的植物资源评估是一个新的尝试。尽管本书依托项目完成了 10000 余个样方，但仍然难以涵盖广义的华北地区 115 万 km^2 范围内出现的所有植物，特别是一些稀有植物。

　　本书旨在为读者认识华北地区强烈人为干扰背景下植物资源的保护现状提供基本素材。为了更好地呈现华北地区植物资源状况，我们挑选了一些代表性的区域和类型，对其植物资源状况进行全面阐述。这一部分内容是相关单位对于区域植物资源研究的长期工作积累的总结。

　　本书是国家科技基础性工作专项"华北地区自然植物群落资源综合考察"项目的成果之一，由项目组核心成员编写，刘鸿雁和唐志尧主编。第一章和第二章由刘鸿雁和唐志尧撰写，第三章由石福臣和唐丽丽撰写，第四章由王韬和刘鸿雁撰写，第五章由郑培明、王蕙、张文馨、孙淑霞、张煜涵和王仁卿撰写，第六章由梁存柱、李智勇、朱宗元撰写。全书由刘鸿雁统稿。

　　限于作者水平和有限的数据积累，本书仍然存在不足和疏漏之处，敬请读者批评指正！

作　者

2021 年 4 月 8 日

目　　录

第一章 华北地区植物资源保护
与利用研究方案

第一节 华北地区自然植物群落资源综合考察

一、研 究 概 述

"华北地区自然植物群落资源综合考察"项目是科技部支持的基础性工作专项,执行时间为 2011 年 6 月至 2016 年 6 月。项目主持单位为北京大学,参加单位有北京师范大学、中国科学院植物研究所、中国农业大学、南开大学、山东大学、山西大学、西北大学、内蒙古大学和武汉大学。

植物群落是指某一地段上不同植物种类的集合。植物群落中蕴藏着丰富的野生植物种质资源[如野生稻(*Oryza sativa*)、野大豆(*Glycine soja*)等]和其他经济植物资源(如中草药),为其他生物提供天然饵料和栖息地。在人类文明进步的历史进程中,植物群落提供了人类赖以生存的主要物质资源,具有不可替代性。由于长期开发和过度利用,尤其是最近几十年经济的高速增长,我国的自然植物群落资源受到了严重破坏,天然林急剧减少,草地退化,水域富营养化。植物群落的退化或消失是我国生态环境质量持续恶化、生物多样性严重丧失的根本原因。

尽管我国在 1949 年以后进行过多次大规模的植被综合考察,但至今仍没有一次全面和系统的植物群落清查。我国到底有多少植物群落类型?其组成和分布如何?植物群落对区域气候的指示作用和对气候变化的响应怎样?人类干扰对植物群落的演化产生什么样的作用?我国生物资源的保护与区域经济开发的关系如何?诸多科学问题都亟须回答。全面系统的植物群落清查将为回答这些问题提供不可或缺的基础数据。

华北地区植物群落丰富,但长期以来受到人类活动的强烈影响。本书对该地区的森林、草地及水生植物群落进行详细的调查,建立综合的群落数据库,进行群落利用和保护现状的评估,不仅可以掌握该地区植物群落和其生境的本底资料及其利用、保护和受破坏的程度,为国家经济建设、区域环境保护及生态学、地学等相关学科的发展提供基础数据,也可为将来开展全国范围的植物群落清查建立调查标准和技术规范。

本书的"华北地区"是指大华北的概念,包括北京、天津、山东、山西、河北、河南、陕西、宁夏等省(自治区、直辖市)的全部,以及邻近的内蒙古、甘肃和辽宁的部分地区,总面积为 115 万 km²,约占我国陆地面积的 12%。这一地区地貌类型多样,包含山地、高原、丘陵、平原、水体等。根据以往的研究,这一地区具有森林、草地、灌丛、湿地、人工植被等丰富的群落类型,是特有植物分布的中心之一,也是暖温带落叶阔叶林的核心分布区域。同时,这一地区自然植被破坏严重,亟待调查。

二、调查内容与调查方法

1. 基准点调查

为全面掌握华北地区的植物群落现状,"华北地区自然植物群落资源综合考察"项目按 0.5°×0.5°的经纬网格进行机械布点,对各点进行群落调查,对部分样点进行环境因子和生态属性测定。共设置网格点 443 个。

在每个控制点取代表性的样地(能够充分代表周边的植物群落类型),开展植物群落调查。如果该点不可达或为非人工植被,在距离该点不高于 5km 的位置就近布设样点。基准点调查内容:地上群落调查,土壤调查;每个地点设置 3 次重复。例如,基准点所在位置及其周边 5km 以内均为农田或者城镇,则拍照后记录位置。

2. 重点区域调查

对于重点区域,尤其是自然植被保存完好、植被类型丰富的区域,开展植物群落清查,尽可能涵盖所有的植被类型。植物群落清查的具体方法参考方精云等(2009)。

1)森林植物群落清查

森林是本书重点调查的植被类型。调查样方的面积为 30m×20m,观测记录包括乔木层、灌木层、草本层和层间植物等(图 1-1)。各层次的具体调查内容如下。

(1)乔木层:记录样方内出现的全部乔木种,测量所有胸径(DBH)≥3cm的植株胸径和高度,记录其存活状态。

(2)灌木层:记录样方内出现的全部灌木种。选择两个面积为 10m×10m的对角小样方进行灌木调查,对其中全部灌木分种类计数。

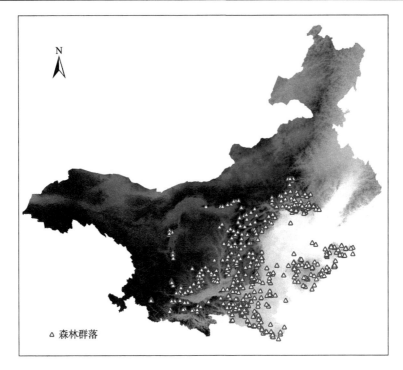

图 1-1　森林群落样方的空间分布

（3）草本层：记录样方内出现的全部草本种类。测量和记录样方的四角和中心点上共 5 个 1m×1m 的草本层样方中，每种草本植物的多度、盖度和高度。

（4）层间植物：记录出现的全部寄生、附生植物和攀缘藤本植物种类，并估计其多度和盖度。

（5）样方环境因子：包括经纬度、海拔、坡向、坡度、坡位、干扰状况。

（6）土壤理化性状测定：在精查和基准点样方内，取完整土壤剖面一个，测定不同深度的土壤质地、容重、有机碳、全氮、全磷、pH 等理化性质。

2）草地和灌丛植物群落清查

全面清查华北地区灌丛（图 1-2）和草地（图 1-3）的群落类型、物种组成、生境特征、季相变化等。群落的样方面积为 10m×10m。具体调查内容包括物种构成，物种多度、盖度和高度，样方环境因子。土壤理化性状分析参照森林样地。

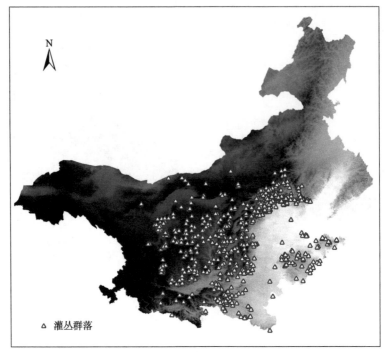

图 1-2 灌丛群落样方的空间分布

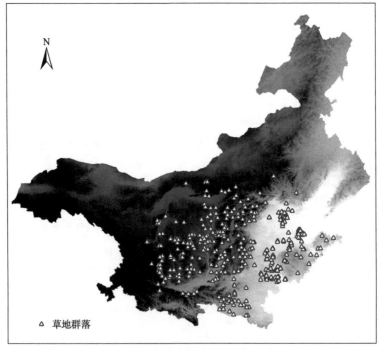

图 1-3 草地群落样方的空间分布

3）水生植物群落清查

关于水生植物群落（图1-4）的具体调查内容包括物种构成，物种多度和盖度，样方环境因子。

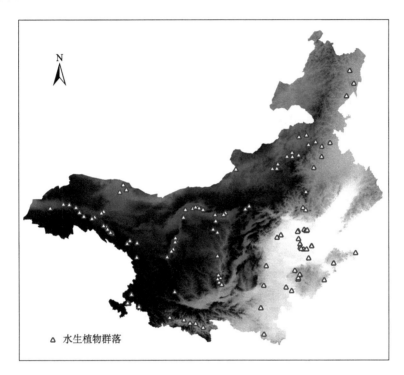

图1-4　水生植物群落样方的空间分布

3. 重点植物群落精查

在以上重点区域清查样方的基础上，在每个省（自治区、直辖市）设置上述共计 400 个样点，进行重点植物群落精查。精查内容包括植物群落调查、土壤调查及植物属性调查。

三、样　地　分　布

整个项目共完成植物群落样方 10000 余个（图1-5），基本涵盖华北地区所有的群系类型（表1-1）。样地主要分布在自然植物群落相对集中的山区，如太行山、燕山、秦岭、贺兰山等，在平原地区主要为基准点样地和水生植物群落样地。

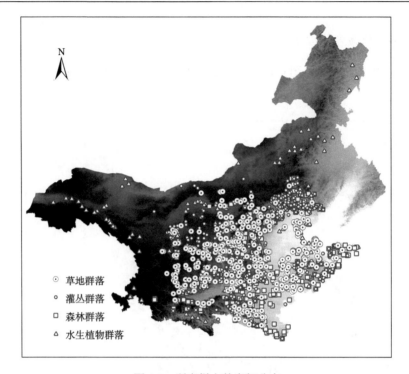

图 1-5　所有样方的空间分布

表 1-1　华北地区群系类型

植被型组	植被型	群系
草丛	温带草丛	白羊草草丛
草丛	温带草丛	黄背草草丛
草丛	亚热带、热带草丛	刺芒野古草草丛
草丛	亚热带、热带草丛	金茅、野古草、青香茅草丛
草丛	亚热带、热带草丛	龙须草草丛
草丛	亚热带、热带草丛	芒草草丛
草甸	嵩草、杂类草高寒草甸	垂穗披碱草、垂穗鹅观草草甸
草甸	嵩草、杂类草高寒草甸	嵩草草甸
草甸	嵩草、杂类草高寒草甸	圆穗蓼、珠芽蓼草甸
草甸	禾草、杂类草草甸	白茅草甸
草甸	禾草、杂类草草甸	大披针薹草、杂类草草甸
草甸	禾草、杂类草草甸	地榆、裂叶蒿、日荫菅、禾草草甸
草甸	禾草、杂类草草甸	拂子茅高禾草草甸
草甸	禾草、杂类草草甸	狗牙根草甸
草甸	禾草、杂类草草甸	假苇拂子茅高禾草草甸

续表

植被型组	植被型	群系
草甸	禾草、杂类草草甸	结缕草草甸
草甸	禾草、杂类草草甸	薹草、杂类草草甸
草甸	禾草、杂类草草甸	无芒雀麦草甸
草甸	禾草、杂类草草甸	小白花地榆、金莲花、禾草草甸
草甸	禾草、杂类草草甸	羊茅、野青茅、杂类草草甸
草甸	禾草、杂类草草甸	野古草草甸
草甸	禾草、杂类草盐生草甸	大穗结缕草草甸
草甸	禾草、杂类草盐生草甸	芨芨草草甸
草甸	禾草、杂类草盐生草甸	碱蓬草甸
草甸	禾草、杂类草盐生草甸	苦豆子、胀果甘草、骆驼刺、花花柴草甸
草甸	禾草、杂类草盐生草甸	苦豆子草甸
草甸	禾草、杂类草盐生草甸	芦苇草甸
草甸	禾草、杂类草盐生草甸	罗布麻草甸
草甸	禾草、杂类草盐生草甸	马蔺、禾草、杂类草草甸
草甸	禾草、杂类草盐生草甸	疏叶骆驼刺草甸
草甸	禾草、杂类草盐生草甸	小獐毛草甸
草甸	禾草、杂类草盐生草甸	盐爪爪、碱茅草甸
草甸	杂类草沼泽化草甸	寸草薹、杂类草草甸
草甸	杂类草沼泽化草甸	小糠草、短芒大麦草草甸
草原	温带丛生矮禾草、矮半灌木荒漠草原	川青锦鸡儿、矮禾草草原
草原	温带丛生矮禾草、矮半灌木荒漠草原	东方针茅草原
草原	温带丛生矮禾草、矮半灌木荒漠草原	短花针茅草原
草原	温带丛生矮禾草、矮半灌木荒漠草原	多根葱草原
草原	温带丛生矮禾草、矮半灌木荒漠草原	甘草草原
草原	温带丛生矮禾草、矮半灌木荒漠草原	戈壁针茅草原
草原	温带丛生矮禾草、矮半灌木荒漠草原	沙生针茅草原
草原	温带丛生矮禾草、矮半灌木荒漠草原	石生针茅草原
草原	温带丛生矮禾草、矮半灌木荒漠草原	无芒隐子草草原
草原	温带丛生矮禾草、矮半灌木荒漠草原	狭叶锦鸡儿、矮禾草草原
草原	温带丛生矮禾草、矮半灌木荒漠草原	亚菊、艾蒿、矮禾草草原
草原	温带丛生禾草草原	溚草、冰草、丛生小禾草草原
草原	温带丛生禾草草原	白莲蒿、禾草草原
草原	温带丛生禾草草原	百里香、丛生禾草草原
草原	温带丛生禾草草原	冰草草原
草原	温带丛生禾草草原	糙隐子草草原

植被型组	植被型	群系
草原	温带丛生禾草草原	大针茅草原
草原	温带丛生禾草草原	甘草、丛生隐子草草原
草原	温带丛生禾草草原	甘青针茅草原
草原	温带丛生禾草草原	沟叶羊茅草原
草原	温带丛生禾草草原	菱蒿、禾草草原
草原	温带丛生禾草草原	昆仑早熟禾、银穗草草原
草原	温带丛生禾草草原	冷蒿草原
草原	温带丛生禾草草原	沙蒿、禾草草原
草原	温带丛生禾草草原	沙米、虫实、猪毛菜沙地先锋植物群落
草原	温带丛生禾草草原	疏花针茅草原
草原	温带丛生禾草草原	西北针茅草原
草原	温带丛生禾草草原	羊草、丛生禾草草原
草原	温带丛生禾草草原	长芒草草原
草原	温带禾草、杂类草草甸草原	白羊草、杂类草草原
草原	温带禾草、杂类草草甸草原	贝加尔针茅、杂类草草原
草原	温带禾草、杂类草草甸草原	禾草、白莲蒿、菱蒿草原
草原	温带禾草、杂类草草甸草原	细叶早熟禾草原
草原	温带禾草、杂类草草甸草原	线叶菊、禾草、杂类草草原
草原	温带禾草、杂类草草甸草原	小尖隐子草、杂类草草原
草原	温带禾草、杂类草草甸草原	羊草、杂类草草原
草原	温带禾草、杂类草草甸草原	羊茅、蒿类、杂类草草原
草原	温带禾草、杂类草草甸草原	窄颖赖草、杂类草草原
草原	温带禾草、杂类草草甸草原	针茅、杂类草草原
灌丛	温带落叶灌丛	白刺花灌丛
灌丛	温带落叶灌丛	柽柳灌丛
灌丛	温带落叶灌丛	多枝柽柳灌丛
灌丛	温带落叶灌丛	二色胡枝子灌丛
灌丛	温带落叶灌丛	胡颓子灌丛
灌丛	温带落叶灌丛	虎榛子灌丛
灌丛	温带落叶灌丛	黄栌灌丛
灌丛	温带落叶灌丛	锦鸡儿灌丛
灌丛	温带落叶灌丛	荆条、酸枣灌丛
灌丛	温带落叶灌丛	柳灌丛
灌丛	温带落叶灌丛	蒙古扁桃灌丛
灌丛	温带落叶灌丛	蔷薇、枸子灌丛

植被型组	植被型	群系
灌丛	温带落叶灌丛	秦岭小檗灌丛
灌丛	温带落叶灌丛	沙棘灌丛
灌丛	温带落叶灌丛	山荆子、稠李灌丛
灌丛	温带落叶灌丛	山杏灌丛
灌丛	温带落叶灌丛	绣线菊灌丛
灌丛	温带落叶灌丛	野皂荚灌丛
灌丛	温带落叶灌丛	榛子灌丛
灌丛	亚高山革质常绿阔叶灌丛	太白杜鹃灌丛
灌丛	亚高山革质常绿阔叶灌丛	头花杜鹃、百里香杜鹃灌丛
灌丛	亚高山落叶阔叶灌丛	箭叶锦鸡儿灌丛
灌丛	亚高山落叶阔叶灌丛	金露梅灌丛
灌丛	亚高山落叶阔叶灌丛	硬叶柳灌丛
灌丛	亚热带、热带常绿阔叶、落叶阔叶灌丛	檵木、乌饭树、映山红灌丛
灌丛	亚热带、热带常绿阔叶、落叶阔叶灌丛	白鹃梅、映山红灌丛
灌丛	亚热带、热带常绿阔叶、落叶阔叶灌丛	白栎、短柄枹栎灌丛
灌丛	亚热带、热带常绿阔叶、落叶阔叶灌丛	胡枝子、火棘灌丛
灌丛	亚热带、热带常绿阔叶、落叶阔叶灌丛	马桑灌丛
灌丛	亚热带、热带常绿阔叶、落叶阔叶灌丛	茅栗、白栎灌丛
灌丛	亚热带、热带常绿阔叶、落叶阔叶灌丛	马桑、圆锥绣球灌丛
灌丛	亚热带、热带常绿阔叶、落叶阔叶灌丛	栓皮栎、麻栎灌丛
荒漠	矮半乔木荒漠	梭梭荒漠
荒漠	半灌木、矮半灌木荒漠	短叶假木贼荒漠
荒漠	半灌木、矮半灌木荒漠	合头草荒漠
荒漠	半灌木、矮半灌木荒漠	红砂荒漠
荒漠	半灌木、矮半灌木荒漠	沙蒿荒漠
荒漠	半灌木、矮半灌木荒漠	松叶猪毛菜荒漠
荒漠	半灌木、矮半灌木荒漠	无叶假木贼荒漠
荒漠	半灌木、矮半灌木荒漠	油蒿荒漠
荒漠	半灌木、矮半灌木荒漠	珍珠猪毛菜荒漠
荒漠	半灌木、矮半灌木荒漠	籽蒿荒漠
荒漠	草原化灌木荒漠	矮锦鸡儿、矮禾草荒漠
荒漠	草原化灌木荒漠	半日花、矮禾草荒漠
荒漠	草原化灌木荒漠	川青锦鸡儿、矮禾草荒漠
荒漠	草原化灌木荒漠	刺旋花、矮禾草荒漠
荒漠	草原化灌木荒漠	刺叶柄棘豆、矮禾草荒漠

植被型组	植被型	群系
荒漠	草原化灌木荒漠	绵刺、矮禾草荒漠
荒漠	草原化灌木荒漠	柠条、蒙古沙拐枣、霸王、矮禾草荒漠
荒漠	草原化灌木荒漠	沙冬青荒漠
荒漠	草原化灌木荒漠	四合木、矮禾草荒漠
荒漠	多汁盐生矮半灌木荒漠	盐节木盐漠
荒漠	多汁盐生矮半灌木荒漠	盐爪爪荒漠
荒漠	灌木荒漠	霸王荒漠
荒漠	灌木荒漠	裸果木荒漠
荒漠	灌木荒漠	蒙古沙拐枣荒漠
荒漠	灌木荒漠	泡泡刺荒漠
荒漠	灌木荒漠	西伯利亚白刺荒漠
阔叶林	温带落叶阔叶林	橿子栎林
阔叶林	温带落叶阔叶林	白桦林
阔叶林	温带落叶阔叶林	刺槐林
阔叶林	温带落叶阔叶林	旱柳林
阔叶林	温带落叶阔叶林	黑杨林
阔叶林	温带落叶阔叶林	红桦林
阔叶林	温带落叶阔叶林	槲栎林
阔叶林	温带落叶阔叶林	麻栎林
阔叶林	温带落叶阔叶林	蒙古栎林
阔叶林	温带落叶阔叶林	牛皮桦林
阔叶林	温带落叶阔叶林	锐齿槲栎林
阔叶林	温带落叶阔叶林	山杨林
阔叶林	温带落叶阔叶林	栓皮栎林
阔叶林	温带落叶阔叶林	天山野苹果林
阔叶林	温带落叶阔叶林	小叶杨林
阔叶林	温带落叶阔叶林	杨、柳、榆林
阔叶林	温带落叶阔叶林	岳桦矮曲林
阔叶林	温带落叶阔叶林	钻天柳、甜杨林
阔叶林	温带落叶小叶林	胡杨疏林
阔叶林	温带落叶小叶林	榆树疏林
阔叶林	亚热带常绿、落叶阔叶混交林	麻栎、栓皮栎、楠、青冈林
阔叶林	亚热带常绿、落叶阔叶混交林	栓皮栎与常绿阔叶混交林
阔叶林	亚热带常绿阔叶林	峨眉栲林

植被型组	植被型	群系
阔叶林	亚热带和热带竹林及竹丛	刚竹林
阔叶林	亚热带和热带竹林及竹丛	桂竹林
阔叶林	亚热带和热带竹林及竹丛	箭竹丛
阔叶林	亚热带和热带竹林及竹丛	毛竹林
阔叶林	亚热带落叶阔叶林	白栎、短柄枹栎林
阔叶林	亚热带落叶阔叶林	茅栗、短柄枹栎、化香树林
阔叶林	亚热带落叶阔叶林	漆、色木林
阔叶林	亚热带落叶阔叶林	青檀林
阔叶林	亚热带落叶阔叶林	山杨、川白桦林
阔叶林	亚热带落叶阔叶林	栓皮栎、麻栎林
沼泽	寒温带、温带沼泽	芦苇沼泽
针叶林	寒温带和温带山地针叶林	白杆林
针叶林	寒温带和温带山地针叶林	华北落叶松林
针叶林	寒温带和温带山地针叶林	青海云杉林
针叶林	寒温带和温带山地针叶林	青杆林
针叶林	寒温带和温带山地针叶林	日本落叶松林
针叶林	寒温带和温带山地针叶林	樟子松林
针叶林	温带针叶林	白皮松林
针叶林	温带针叶林	侧柏林
针叶林	温带针叶林	赤松林
针叶林	温带针叶林	杜松林
针叶林	温带针叶林	黑松林
针叶林	温带针叶林	油松林
针叶林	亚热带和热带山地针叶林	巴山冷杉林
针叶林	亚热带和热带山地针叶林	红杉林
针叶林	亚热带和热带山地针叶林	冷杉林
针叶林	亚热带和热带山地针叶林	太白红杉林
针叶林	亚热带针叶林	华山松林
针叶林	亚热带针叶林	马尾松林
针叶林	亚热带针叶林	杉木林

第二节　华北地区植物资源保护与利用评估方案

一、植物资源的类型

植物资源是一切有用植物的总和。其中有商品价值的称为经济植物。一种植物对人是否有用、有何用途，是由它的形态结构、功能和所含的化学物质所决定的。例如，花、叶、树型美丽的植物可作观赏植物，含油脂多的植物可以作油料作物，含淀粉多的植物可以作淀粉植物，含鞣酸多的可作鞣料植物等。

植物群落是植物资源的载体。除了人类引种和驯化的植物，人类还从自然植物群落中获取大量植物资源。土地利用等人类活动在改变了植物群落的同时，也破坏了其中的植物资源，一些植物成了濒危植物。自然保护区的设立对保护珍稀濒危植物及作为其载体的植物群落发挥着十分重要的作用。

学者对于植物资源存在不同的划分方法。根据吴征镒 1983 年在中国植物学会 50 周年年会上提出的植物资源分类系统，我国的植物资源可以分为以下几种。

（1）食用植物资源：包括直接和间接（饲料、饵料）的食用植物，有淀粉糖料、蛋白质、油脂、维生素、饮料、食用香料、色素、甜味剂、植食性饲料、饵料及蜜源植物。

（2）药用植物资源：包括中药、草药、化学药品原料植物、兽用药等。

（3）工业用植物资源：包括木材、纤维、鞣料、芳香油、植物胶、工业用油资源（如黄芪胶在印刷上用作增稠剂）、经济昆虫的寄生植物及工业用植物性染料。

（4）防护和改造环境的植物资源：包括防风固沙植物，改良环境植物，固氮增肥、改善土壤植物，绿化美化保护环境植物，监测和抗污染植物。

以上所列植物资源常常被笼统地称为经济植物，如《中国经济植物志》（中华人民共和国商业部土产废品局和中国科学院植物研究所，2012）就包含上述主要类群。本书中，考虑到中草药资源的特殊性，将其从《中国经济植物志》中独立出来，根据"国家重点调查药材品种"进行单独分析。该品种清单包括药材品种 777 种，其中 701 种为植物。

珍稀濒危植物是自然保护的主要对象，为了评估其保护现状，本书根据"华北地区自然植物群落资源综合考察"的野外记录，对其保护现状进行单独评估。珍稀濒危植物名录来源于《中国生物多样性红色名录——高等植物卷》。

二、华北地区自然保护区概况

截至本书数据分析工作开展之前，华北地区共有保护区 309 处，其中国家级自然保护区 52 处、省级自然保护区 181 处、市级自然保护区 41 处、县级自然保护区 35 处。在当前的自然保护区中，以森林为主要保护对象的有 153 处，其中国家级自然保护区 24 处；以草原草甸为主要保护对象的有 6 处，其中国家级自然保护区 1 处；以荒漠为主要保护对象的有 12 处，其中国家级自然保护区 4 处；以内陆湿地为主要保护对象的有 48 处，其中国家级自然保护区 3 处；以野生植物为主要保护对象的有 12 处，其中国家级自然保护区 2 处。其余为海洋海岸、地质古生物遗迹、野生动物类保护区（附录一）。

在华北地区，森林是植物资源的主体。华北地区自然保护区接近一半以森林为主要保护对象。从保护区的分布来看，这些保护区主要分布在中高海拔山地（图 1-6）。

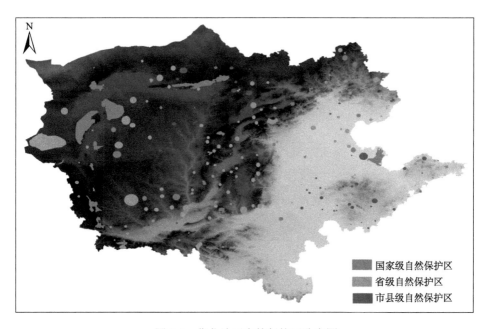

图 1-6　华北地区自然保护区分布图

三、植物资源及其保护状况评估方法

采用 ArcGIS 软件，加入华北地区各省（自治区、直辖市）界限、华北地区地表高程和华北地区自然保护区分布范围 3 个图层。根据野外样方记录的经纬度得出所选择物种的地理分布；根据地理位置和海拔信息，结合样地描述得出生境特征；根据样地是否位于保护区及野外调查和资料分析得出利用和保护的现状。最后分省（自治区、直辖市）统计所选择的植物被自然保护区涵盖的样地比例，提出相应的自然保护对策（图 1-7）。

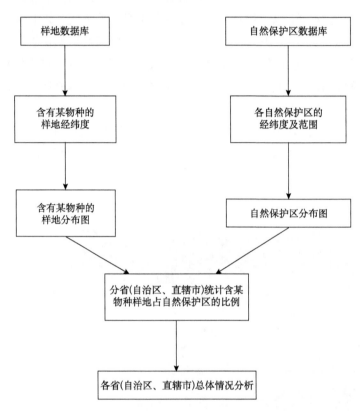

图 1-7　植物资源及其保护与利用状况评估流程

四、基于植物群落调查的植物资源保护与利用评估可靠性分析

本次华北地区自然植物群落资源综合考察是针对华北地区植物群落最为全面和系统的一次野外实地考察。整个考察过程历时 5 年，完成样方 10000 余个，是植物资源保护与利用评估的基础。

然而，植物群落调查与某一类特定的植物资源调查（如森林资源清查、中草药资源普查）仍然存在很大区别。从植物种类来说，植物群落调查只涉及区域物种数目的 1/4 左右，原因在于一些分布比较零散的植物物种往往不能被植物群落样方所涵盖；从植物资源量来说，根据植物群落调查结果难以计算某种树木的蓄积量，以及某种中草药的资源量。然而，植物群落调查在资源评估中的优势也是显而易见的：一是植物群落调查能够清晰地反映物种之间的关系，进而为资源保护与利用提供依据；二是植物群落调查是对所有物种的综合调查，与传统的森林资源清查及中草药资源调查相比更能反映区域植物资源的总体状况。

　　基于大区域植物群落调查结果对区域植物资源及其保护和利用状况进行评估是一次新的尝试，为植物资源的综合调查与评估提供了一个新的思路。鉴于植物群落调查在植物资源评估方面的内在局限性，本书的评估仍然存在很大的不确定性，评估结果仅为进一步研究和决策提供宏观参考。

（执笔人：刘鸿雁　唐志尧）

参 考 文 献

方精云, 王襄平, 沈泽昊, 等. 2009. 植物群落清查的主要内容、方法和技术规范. 生物多样性,
　　17 (6): 533-548.
中华人民共和国商业部土产废品局, 中国科学院植物研究所. 2012. 中国经济植物志(上、下册).
　　北京: 科学出版社.

第二章　华北地区重要植物资源保护与利用评估

第一节　中草药植物

一、种类概况和生境条件

华北地区植物群落调查共统计到重要药用植物 232 种。乔木主要有暴马丁香（*Syringa reticulata*）、臭椿（*Ailanthus altissima*）、杜仲（*Eucommia ulmoides*）、合欢（*Albizia julibrissin*）、红麸杨（*Rhus punjabensis*）、苦树（*Picrasma quassioides*）、楝（*Melia azedarach*）、马尾松（*Pinus massoniana*）、漆（*Toxicodendron vernicifluum*）、青麸杨（*Rhus potaninii*）、山茱萸（*Cornus officinalis*）、银杏（*Ginkgo biloba*）、油松（*Pinus tabuliformis*）、玉兰（*Magnolia denudata*）、皂荚（*Gleditsia sinensis*）、棕榈（*Trachycarpus fortunei*）等，灌木主要有柽柳（*Tamarix chinensis*）、构树（*Broussonetia papyrifera*）、忍冬（*Lonicera japonica*）、山桃（*Amygdalus davidiana*）、山杏（*Armeniaca sibirirca*）、山楂（*Crataegus pinnatifida*）、酸枣（*Ziziphus jujuba* var. *spinosa*）、碎米桠（*Rabdosia rubescens*）、杏（*Prunus armeniaca*）、盐肤木（*Rhus chinensis*）、郁李（*Prunus japonica*）等，其余绝大部分为草本和藤本植物（表 2-1）。

以上植物绝大部分分布在山地森林和灌丛群落中，除马尾松、油松、山桃、山杏、柽柳等少数种类作为群落的优势种外，大部分种类作为附属种存在于群落中。在平原丘陵区，由于人类活动对自然植被的干扰，臭椿、构树、盐肤木等杂树、杂灌较常见。其他种类大多分布在中高海拔的山地森林或者沟谷杂木林中，如菝葜等见于河南、陕西南部、山东南部等海拔较高的山地森林中。部分药用植物种类，如银杏、杏、玉兰、棕榈等常作为栽培种。少数种类，如油松、杜仲、山茱萸既有天然分布，又有人工栽培。

根据野外调查的药用植物分省（自治区、直辖市）、保护区统计结果见表 2-1。

表2-1　药用植物分省（自治区、直辖市）、保护区统计

物种	内蒙古 自治区内	内蒙古 保护区内	辽宁 省内	辽宁 保护区内	山西 省内	山西 保护区内	北京 市内	北京 保护区内	天津 市内	天津 保护区内	陕西 省内	陕西 保护区内	宁夏 自治区内	宁夏 保护区内	河北 省内	河北 保护区内	山东 省内	山东 保护区内	甘肃 省内	甘肃 保护区内	河南 省内	河南 保护区内
拔葜	0	0	0	0	0	11	0	0	0	0	19	2	1	0	0	0	46	23	0	0	15	4
白薇	0	0	0	0	0	0	0	0	0	0	0	0	0	0	0	0	2	0	0	0	0	0
白茅	0	0	0	0	3	0	1	0	0	0	19	4	0	0	3	0	69	19	11	0	187	12
白屈菜	0	0	0	0	1	0	3	0	0	0	0	0	0	0	4	1	9	3	0	0	1	0
白头翁	1	0	0	0	47	5	18	5	0	0	24	3	0	0	23	3	4	2	0	0	9	0
白蔹	0	0	0	0	0	0	0	0	0	0	1	1	4	4	0	0	0	0	0	0	0	0
白芷	0	0	0	0	31	7	10	0	0	0	2	2	0	0	14	4	0	0	0	0	0	0
百合	0	0	0	0	0	0	0	0	0	0	9	0	0	0	3	0	2	1	0	0	1	0
斑地锦	0	0	0	0	0	0	0	0	0	0	0	0	0	0	0	0	3	0	0	0	0	0
半夏	0	0	0	0	7	2	2	0	1	0	2	2	1	1	5	0	26	5	0	0	7	1
半枝莲	0	0	0	0	0	0	0	0	0	0	0	0	0	0	7	3	0	0	0	0	0	0
薄荷	0	0	0	0	37	14	0	0	0	0	2	0	0	0	14	0	1	1	0	0	0	0
暴马丁香	0	0	0	0	42	8	1	0	36	3	1	1	0	0	15	3	0	0	0	0	0	0
北苍术	0	0	0	0	0	0	0	0	0	0	0	0	0	0	0	0	0	0	0	0	0	0
北马兜铃	0	0	0	0	2	0	0	0	4	0	2	0	0	0	6	0	12	0	0	0	1	2
北乌头	0	0	0	0	78	14	6	2	0	0	4	0	0	0	14	6	0	0	0	0	4	0
萹蓄	0	0	0	0	4	2	3	0	0	0	0	0	7	1	0	0	15	0	1	1	0	0
蝙蝠葛	0	0	0	0	1	0	6	2	12	6	0	0	0	0	8	3	23	7	0	0	0	0
扁茎黄芪	4	0	0	0	6	0	0	0	0	0	4	0	0	0	0	0	0	0	0	0	0	0

续表

物种	内蒙古自治区内	内蒙古保护区内	辽宁省内	辽宁保护区内	山西省内	山西保护区内	北京市内	北京保护区内	天津市内	天津保护区内	陕西省内	陕西保护区内	宁夏自治区内	宁夏保护区内	河北省内	河北保护区内	山东省内	山东保护区内	甘肃省内	甘肃保护区内	河南省内	河南保护区内
滨蒿	0	0	0	0	0	0	0	0	0	0	0	0	0	0	1	0	0	0	0	0	0	0
播娘蒿	0	0	0	0	0	0	0	0	0	0	0	0	0	0	0	0	18	3	3	0	0	0
苍耳	0	0	0	0	26	2	0	0	7	3	7	0	2	0	6	0	67	6	1	1	16	0
草麻黄	4	0	0	0	2	0	0	0	0	0	6	0	0	0	0	0	0	0	0	0	0	0
侧柏	2	0	0	0	178	8	6	0	14	0	82	12	24	24	130	2	170	32	4	0	114	22
柴胡	4	0	0	0	176	20	5	0	1	0	69	15	11	10	88	2	2	0	10	0	4	0
车前	16	8	0	0	676	98	8	0	8	2	18	0	26	18	44	8	32	2	8	2	14	0
柽柳	3	0	0	0	2	0	0	0	0	0	3	0	9	0	1	1	41	3	0	0	0	0
臭椿	0	0	0	0	20	0	37	0	19	2	7	1	4	2	49	4	55	10	7	5	41	5
川赤芍	0	0	0	0	3	3	0	0	0	0	19	5	3	3	0	0	0	2	2	0	0	0
川续断	0	0	0	0	0	0	0	0	0	0	42	4	0	0	0	0	0	0	5	0	3	0
穿龙薯蓣	3	3	0	0	54	16	45	4	25	4	47	13	0	0	69	13	35	7	0	0	1	0
垂盆草	0	0	0	0	0	0	0	0	0	0	0	0	0	0	0	0	3	0	0	0	0	0
垂序商陆	0	0	0	0	0	0	0	0	0	0	0	0	4	0	0	0	10	1	0	0	1	0
刺儿菜	1	1	0	0	117	5	0	0	0	0	72	2	9	0	2	0	68	7	12	0	0	0
刺五加	0	0	0	0	12	12	0	0	0	0	29	3	0	5	4	3	3	3	6	0	14	0
大蓟	6	0	0	0	6	0	0	0	0	0	5	3	0	0	0	0	1	0	0	0	0	0
大麻	0	0	0	0	0	0	0	0	0	0	0	0	0	0	3	0	7	5	0	0	2	0
丹参	0	0	0	0	4	1	2	1	0	0	1	0	0	0	6	0	11	0	0	0	50	0

续表

物种	内蒙古 自治区内	内蒙古 保护区内	辽宁 省内	辽宁 保护区内	山西 省内	山西 保护区内	北京 市内	北京 保护区内	天津 市内	天津 保护区内	陕西 省内	陕西 保护区内	宁夏 自治区内	宁夏 保护区内	河北 省内	河北 保护区内	山东 省内	山东 保护区内	甘肃 省内	甘肃 保护区内	河南 省内	河南 保护区内
淡竹叶	0	0	0	0	0	0	0	0	0	0	0	0	0	0	0	0	0	0	0	0	1	1
当归	0	0	0	0	0	0	0	0	0	0	2	1	0	0	0	0	0	0	0	0	0	0
党参	0	0	0	0	3	1	2	0	0	0	2	1	3	3	0	0	0	0	0	0	0	0
灯心草	0	0	0	0	14	4	0	0	0	0	0	0	0	0	0	0	0	0	0	0	0	0
地肤	0	0	0	0	5	0	0	0	32	4	3	0	0	0	5	0	29	1	0	0	1	0
地黄	1	0	0	0	4	0	2	0	2	0	1	0	1	1	5	1	7	0	0	0	11	3
地锦	59	6	0	0	18	3	0	0	2	0	75	14	31	18	11	1	32	5	2	0	3	0
地榆	17	14	1	1	281	63	46	3	1	1	82	16	11	11	191	25	166	49	5	1	18	1
丁香	12	12	0	0	28	28	26	0	0	0	60	16	8	8	142	28	10	10	8	0	0	0
东北南星	0	0	0	0	0	0	0	0	7	0	0	0	0	0	0	0	6	6	0	0	0	0
冬青	0	0	0	0	0	0	0	0	0	0	0	0	0	0	0	0	4	3	0	0	4	4
独行菜	4	1	0	0	10	0	0	0	1	0	1	0	6	0	0	0	9	3	0	0	9	0
独蒜兰	0	0	0	0	1	1	0	0	0	0	0	0	0	0	0	0	0	0	0	0	0	0
杜鹃兰	0	0	0	0	0	0	0	0	0	0	1	0	0	0	0	0	0	0	0	0	0	0
杜仲	0	0	0	0	0	0	0	0	0	0	4	0	0	0	0	0	10	0	0	0	2	0
翻白草	0	0	0	0	115	12	4	0	0	0	0	0	0	0	5	0	4	0	0	0	104	5
防风	5	4	2	2	67	24	13	3	2	2	70	14	2	2	12	2	2	2	14	2	27	3
风轮菜	0	0	0	0	1	0	0	0	0	0	11	1	15	6	1	0	2	0	2	0	2	0
甘草	4	1	0	0	4	1	0	0	0	0	15	2	12	10	0	0	0	0	6	5	0	0

续表

物种	内蒙古		辽宁		山西		北京		天津		陕西		宁夏		河北		山东		甘肃		河南	
	自治区内	保护区内	省内	保护区内	省内	保护区内	市内	保护区内	市内	保护区内	省内	保护区内	自治区内	保护区内	省内	保护区内	省内	保护区内	省内	保护区内	省内	保护区内
杠板归	0	0	0	0	0	0	0	0	0	0	0	0	0	0	0	0	25	3	0	0	0	0
杠柳	0	0	0	0	69	2	5	0	0	0	39	1	0	0	23	0	5	0	21	6	0	0
藁本	0	0	0	0	0	0	3	0	0	0	0	0	0	0	19	1	0	0	1	0	1	1
钩藤	0	0	0	0	0	0	0	0	0	0	0	0	0	0	0	0	7	7	0	0	0	0
枸骨	0	0	0	0	0	0	0	0	0	0	0	0	0	0	0	0	0	0	0	0	4	3
枸杞	1	1	0	0	0	0	0	0	0	0	8	0	10	1	0	0	11	1	1	0	4	0
构树	0	0	0	0	4	0	6	0	0	0	5	0	0	0	6	0	71	7	0	0	151	9
过路黄	0	0	0	0	0	0	0	0	0	0	2	1	0	0	0	0	0	0	0	0	8	1
孩儿参	0	0	0	0	0	0	0	0	0	0	2	1	0	0	0	0	2	0	1	0	0	0
海金沙	0	0	0	0	0	0	0	0	0	0	0	0	0	0	0	0	0	0	0	0	1	0
合欢	0	0	0	0	0	0	0	0	0	0	0	0	0	0	0	0	42	0	0	0	12	0
何首乌	0	0	0	0	0	0	6	0	0	0	1	0	0	0	0	0	0	0	0	0	0	0
黑三棱	0	0	0	0	0	0	0	0	0	0	17	0	0	0	0	0	0	0	0	0	0	0
红桎杨	0	0	0	0	10	4	0	0	0	0	5	0	0	0	0	0	0	0	0	0	3	0
红蓼	0	0	0	0	3	0	0	0	0	0	14	1	0	0	4	0	11	2	3	0	0	0
花椒	0	0	0	0	0	0	2	0	1	0	0	0	0	0	2	0	2	1	0	0	1	0
华东蓝刺头	0	0	0	0	0	0	0	0	0	0	0	0	0	0	0	0	3	3	0	0	0	0

续表

物种	内蒙古 自治区内	内蒙古 保护区内	辽宁 省内	辽宁 保护区内	山西 省内	山西 保护区内	北京 市内	北京 保护区内	天津 市内	天津 保护区内	陕西 省内	陕西 保护区内	宁夏 自治区内	宁夏 保护区内	河北 省内	河北 保护区内	山东 省内	山东 保护区内	甘肃 省内	甘肃 保护区内	河南 省内	河南 保护区内
华细辛	0	0	0	0	0	0	0	0	0	0	0	0	1	0	0	0	0	0	4	0	0	0
槐	2	2	0	0	0	0	0	0	0	0	2	0	0	0	0	0	4	2	0	0	2	0
黄檗	0	0	0	0	1	1	0	0	12	1	1	0	0	0	6	0	2	2	0	0	0	0
黄花蒿	5	2	1	0	48	0	1	0	0	0	77	9	2	2	142	9	119	13	15	2	33	0
黄精	4	3	0	0	46	12	7	0	15	1	77	8	3	3	9	1	1	0	0	0	21	3
黄芩	11	4	0	0	18	2	5	1	0	0	43	10	2	1	15	1	4	0	8	0	1	0
活血丹	0	0	0	0	3	0	0	0	0	0	49	0	1	0	1	0	0	0	3	0	11	1
蒺藜	48	7	0	0	10	1	0	0	0	0	13	3	34	12	7	0	9	1	2	0	1	0
藜芦	0	0	0	0	0	0	0	0	2	0	0	0	0	0	0	0	0	0	0	0	2	1
蓟	5	1	0	0	21	3	1	0	2	0	1	1	0	0	2	0	7	2	1	0	3	0
箭叶淫羊藿	0	0	0	0	0	0	0	0	0	0	5	0	0	0	0	0	0	0	0	0	0	0
筋骨草	0	0	0	0	27	14	0	0	0	0	18	10	0	0	5	0	0	0	0	0	1	0
荆芥	0	0	0	0	16	0	0	0	0	0	4	4	0	0	6	4	2	0	0	0	0	0
桔梗	0	0	0	0	3	0	1	0	3	0	2	2	0	0	3	0	39	5	0	0	4	0
卷柏	0	0	0	0	71	4	5	0	0	0	1	0	0	0	93	3	17	6	1	0	60	0
卷丹	0	0	0	0	0	0	0	0	0	0	5	1	1	0	38	0	6	0	0	0	0	0
决明	0	0	0	0	0	0	0	0	0	0	0	0	0	0	0	0	3	1	0	0	0	0
苦参	2	0	0	0	6	4	3	0	1	0	29	5	0	0	7	0	17	0	1	0	4	0
苦木	0	0	0	0	0	0	0	0	2	1	3	1	0	0	0	0	3	1	0	0	9	4

续表

物种	内蒙古 自治区内	内蒙古 保护区内	辽宁 省内	辽宁 保护区内	山西 省内	山西 保护区内	北京 市内	北京 保护区内	天津 市内	天津 保护区内	陕西 省内	陕西 保护区内	宁夏 自治区内	宁夏 保护区内	河北 省内	河北 保护区内	山东 省内	山东 保护区内	甘肃 省内	甘肃 保护区内	河南 省内	河南 保护区内
宽叶羌活	0	0	0	0	8	5	0	0	0	0	6	0	0	0	0	0	0	0	0	0	0	0
款冬	0	0	0	0	0	0	0	0	0	0	1	1	0	0	0	0	0	0	0	0	0	0
栝楼	0	0	0	0	0	0	0	0	0	0	0	0	0	0	0	0	8	8	0	0	0	0
蓝刺头	15	3	0	0	30	6	7	2	0	0	1	0	6	4	10	0	11	4	2	0	6	1
老鹳草	1	1	0	0	300	56	6	1	0	0	61	2	16	4	46	10	22	4	4	0	3	1
鳢肠	0	0	0	0	5	1	0	0	5	2	0	0	0	0	0	0	75	3	0	0	11	0
连翘	0	0	0	0	134	29	1	0	0	0	104	13	0	0	1	0	70	19	0	0	121	18
楝	0	0	0	0	1	1	0	0	0	0	0	0	0	0	0	0	4	0	0	0	51	2
辽藁本	0	0	0	0	0	0	18	1	0	0	1	0	7	7	10	2	0	0	0	0	0	0
裂叶牵牛	0	0	0	0	0	0	17	0	15	1	0	0	0	0	3	0	2	0	0	0	0	0
龙胆	7	5	0	0	12	1	0	0	0	0	5	0	1	1	1	1	0	0	3	0	0	0
龙芽草	6	6	0	0	99	10	24	2	6	1	84	18	1	0	80	21	46	11	6	0	35	8
芦苇	2	0	0	0	49	6	2	0	109	22	81	5	53	16	21	0	303	48	10	3	4	0
鹿蹄草	3	3	0	0	1	1	0	0	0	0	13	7	3	3	3	1	0	0	1	0	4	0
路边青	0	0	0	0	85	29	0	0	0	0	3	0	0	0	0	0	25	5	0	0	5	0
卵叶远志	9	4	0	0	0	0	0	0	0	0	2	1	0	0	1	0	0	0	0	0	10	4
轮叶沙参	1	1	1	1	7	3	6	1	2	1	1	1	1	1	22	3	6	3	1	1	3	3
罗布麻	0	0	0	0	0	0	0	0	0	0	0	0	0	0	0	0	26	7	0	0	0	0
络石	0	0	0	0	0	0	0	0	0	0	0	0	0	0	0	0	4	3	0	0	2	1
马鞭草	0	0	0	0	0	0	0	0	0	0	0	0	0	0	0	0	0	0	0	0	1	0

续表

物种	内蒙古 自治区内	内蒙古 保护区内	辽宁 省内	辽宁 保护区内	山西 省内	山西 保护区内	北京 市内	北京 保护区内	天津 市内	天津 保护区内	陕西 省内	陕西 保护区内	宁夏 自治区内	宁夏 保护区内	河北 省内	河北 保护区内	山东 省内	山东 保护区内	甘肃 省内	甘肃 保护区内	河南 省内	河南 保护区内
马齿苋	0	0	0	0	13	0	0	0	8	0	0	0	0	0	1	0	37	2	0	0	1	0
马兜铃	0	0	0	0	0	0	2	0	4	2	0	0	0	0	0	0	12	4	0	0	0	0
马尾松	0	0	0	0	0	0	0	0	0	0	0	0	0	0	0	0	6	0	0	0	152	58
麦冬	0	0	0	0	0	0	1	0	0	0	3	2	0	0	5	0	25	7	0	0	20	7
糙牛儿苗	4	2	0	0	28	2	1	0	0	0	29	1	7	7	6	0	1	0	7	0	0	0
棉团铁线莲	2	2	0	0	0	0	4	1	0	0	5	1	0	0	22	1	0	0	0	0	0	0
明党参	0	0	0	0	0	0	0	0	0	0	0	0	0	0	0	0	0	0	0	0	1	0
木通	0	0	0	0	0	0	0	0	0	0	0	0	0	0	0	0	6	4	0	0	0	0
木贼	1	1	0	0	8	3	0	0	0	0	7	0	0	0	1	1	0	0	0	0	0	0
牛蒡	0	0	0	0	6	1	0	0	0	0	10	0	0	0	5	1	0	0	2	0	0	0
牛膝	0	0	0	0	0	0	0	0	0	0	2	0	0	0	2	2	78	27	0	0	30	11
女贞	0	0	0	0	0	0	0	0	0	0	0	0	1	1	1	0	10	0	0	0	3	3
欧李	0	0	0	0	2	0	0	0	0	0	8	4	0	0	1	0	5	0	0	0	0	0
欧亚旋覆花	0	0	0	0	0	0	0	0	0	0	19	0	0	0	0	0	4	4	0	0	0	0
佩兰	0	0	0	0	0	0	0	0	0	0	5	1	1	1	0	0	0	0	0	0	4	1
平车前	24	10	0	0	56	12	0	0	0	0	60	12	39	36	10	0	6	2	10	0	0	0
蒲公英	30	15	0	0	315	50	17	2	0	0	43	5	2	2	58	10	12	6	2	0	9	0
七叶一枝花	0	0	0	0	1	1	1	1	0	0	0	0	0	0	0	0	0	0	0	0	0	0
漆	0	0	0	0	40	19	0	0	0	0	181	19	7	2	21	0	0	0	17	6	43	20
祁州漏芦	4	3	0	0	3	0	18	0	2	0	85	16	7	2	26	1	0	0	14	0	2	0

续表

物种	内蒙古 自治区内	内蒙古 保护区内	辽宁 省内	辽宁 保护区内	山西 省内	山西 保护区内	北京 市内	北京 保护区内	天津 市内	天津 保护区内	陕西 省内	陕西 保护区内	宁夏 自治区内	宁夏 保护区内	河北 省内	河北 保护区内	山东 省内	山东 保护区内	甘肃 省内	甘肃 保护区内	河南 省内	河南 保护区内
千里光	0	0	0	0	0	0	0	0	0	0	26	1	1	1	16	3	0	0	4	0	8	2
茜草	7	5	2	2	343	32	175	8	22	6	82	14	23	21	182	26	254	45	10	8	9	4
羌活	0	0	0	0	0	0	0	0	0	0	2	0	0	0	0	0	0	0	0	0	0	0
秦艽	0	0	0	0	22	7	0	0	0	0	9	2	7	7	12	0	0	0	0	0	0	0
青稞杨	0	0	0	0	4	1	0	0	0	0	30	4	0	0	0	0	0	0	0	0	0	0
青麸叶	0	0	0	0	0	0	0	0	0	0	7	0	0	0	0	0	0	0	1	0	4	0
青葙	0	0	0	0	0	0	0	0	0	0	0	0	0	0	0	0	4	0	0	0	0	0
茼蒿	0	0	0	0	1	0	0	0	22	4	17	10	17	17	2	0	49	0	0	0	1	0
瞿麦	6	5	0	0	23	8	1	0	0	0	0	0	0	0	11	0	5	3	2	0	6	0
拳参	1	1	0	0	18	12	12	0	0	0	0	0	5	5	48	13	24	7	0	0	0	0
忍冬	4	4	0	0	30	6	12	0	0	0	174	18	6	6	26	4	28	12	10	0	0	0
三七	0	0	0	0	1	0	2	0	0	0	0	0	0	0	0	0	0	0	0	0	0	0
三叶木通	0	0	0	0	12	2	0	0	0	0	12	0	0	0	0	0	0	0	0	0	0	0
桑	0	0	0	0	4	0	32	0	196	16	60	8	0	0	68	0	220	56	16	0	164	20
沙参	3	2	0	0	0	0	11	1	6	1	43	3	1	0	17	3	10	6	3	0	20	8
沙棘	2	0	0	0	499	51	0	0	0	0	47	5	82	43	10	1	0	0	2	0	1	0
莎草	0	0	0	0	0	0	0	0	0	0	8	0	0	0	8	7	8	0	4	0	8	0
山里红	0	0	0	0	2	2	0	0	0	0	4	0	0	0	4	0	0	0	0	0	0	0
山桃	0	0	0	0	55	3	33	3	6	0	76	16	50	19	7	0	42	7	1	0	22	2
山杏	10	5	0	0	44	6	181	17	13	2	25	4	18	15	379	3	8	0	15	15	3	0

续表

物种	内蒙古自治区内	内蒙古保护区内	辽宁省内	辽宁保护区内	山西省内	山西保护区内	北京市内	北京保护区内	天津市内	天津保护区内	陕西省内	陕西保护区内	宁夏自治区内	宁夏保护区内	河北省内	河北保护区内	山东省内	山东保护区内	甘肃省内	甘肃保护区内	河南省内	河南保护区内
山楂	4	4	0	0	112	40	14	2	32	2	46	2	4	4	34	8	44	10	2	0	46	16
山茱萸	0	0	0	0	2	0	0	0	0	0	0	0	1	1	0	0	0	0	0	0	10	0
商陆	0	0	0	0	2	1	0	0	0	0	3	1	0	0	0	0	60	11	1	0	11	2
芍药	2	0	0	0	0	0	0	0	0	0	16	2	0	0	6	0	0	0	0	0	0	0
蛇床	0	0	0	0	29	9	0	0	0	0	1	0	0	0	0	0	17	1	1	0	2	0
射干	0	0	0	0	3	1	5	0	0	0	17	5	4	4	5	0	2	0	0	0	0	0
升麻	1	1	0	0	41	28	2	2	2	0	40	7	4	4	22	10	2	2	5	0	0	0
石菖蒲	0	0	0	0	0	0	0	0	0	0	0	0	0	0	0	0	5	0	0	0	0	0
石榴	0	0	0	0	1	0	0	0	0	0	0	0	0	0	0	0	2	0	0	0	0	0
石香薷	0	0	0	0	0	0	0	0	0	0	0	0	0	0	0	0	0	0	0	0	2	0
石竹	2	2	0	0	34	4	29	2	0	0	24	2	12	9	17	1	35	5	0	0	18	0
使君子	0	0	0	0	0	0	0	0	0	0	0	0	0	0	1	0	0	0	0	0	0	0
薯蓣	0	0	0	0	4	0	0	0	27	9	0	0	0	0	5	1	103	16	0	0	0	0
水飞蓟	0	0	0	0	0	0	0	0	0	0	2	0	0	0	0	0	0	0	0	0	0	0
酸浆	0	0	0	0	0	0	0	0	1	0	0	0	0	0	0	0	0	0	0	0	9	0
酸枣	3	3	1	0	139	11	252	9	26	0	66	8	25	0	204	10	137	11	19	12	193	6
碎米桠	0	0	0	0	0	0	0	0	0	0	0	0	0	0	0	0	0	0	0	0	3	0
桃儿七	0	0	0	0	0	0	0	0	0	0	1	0	1	1	0	0	0	0	0	0	0	0
天葵	0	0	0	0	0	0	0	0	0	0	0	0	0	0	0	0	0	0	0	0	3	3
天麻	0	0	0	0	0	0	0	0	0	0	0	0	0	0	0	0	0	0	0	0	2	0

续表

物种	内蒙古		辽宁		山西		北京		天津		陕西		宁夏		河北		山东		甘肃		河南	
	自治区内	保护区内	省内	保护区内	省内	保护区内	市内	保护区内	市内	保护区内	省内	保护区内	自治区内	保护区内	省内	保护区内	省内	保护区内	省内	保护区内	省内	保护区内
天名精	0	0	0	0	4	4	0	0	0	0	12	2	0	0	0	0	0	0	8	0	33	2
天南星	0	0	0	0	3	2	1	1	1	0	9	0	0	0	2	1	1	0	0	0	5	1
条叶龙胆	3	0	0	0	0	0	0	0	0	0	0	0	0	0	0	0	0	0	0	0	0	0
菟丝子	5	1	0	0	8	0	1	0	1	0	0	0	0	0	0	0	2	0	0	0	0	0
瓦松	10	4	0	0	17	0	3	0	0	0	4	2	0	0	6	0	18	1	0	0	2	0
威灵仙	0	0	0	0	0	0	0	0	0	0	1	0	0	0	0	0	0	0	0	0	0	0
委陵菜	17	4	0	0	580	32	4	1	7	0	77	14	2	1	112	5	61	9	18	9	7	1
乌头	2	2	0	0	0	0	10	0	24	0	26	14	0	0	58	6	4	4	4	0	4	0
吴茱萸	0	0	0	0	2	0	0	0	0	0	0	0	0	0	0	0	0	0	0	0	0	0
五味子	0	0	0	0	3	2	0	0	2	0	12	0	0	0	0	0	0	0	0	0	2	1
豨莶	0	0	0	0	0	0	0	0	1	0	1	0	0	0	0	0	0	0	1	0	15	1
细叶百合	9	7	0	0	0	0	1	0	0	0	13	4	0	0	1	0	0	0	0	0	0	0
细叶小檗	1	1	0	0	8	2	44	4	0	0	0	0	0	0	8	0	0	0	0	0	0	0
狭叶柴胡	0	0	0	0	0	0	0	0	0	0	2	0	1	0	0	0	0	0	0	0	0	0
夏枯草	0	0	0	0	0	0	0	0	0	0	5	0	0	0	0	0	0	0	0	0	1	1
腺梗豨莶	0	0	0	0	2	0	0	0	0	0	0	0	0	0	0	0	2	0	0	0	0	0
小根蒜	0	0	0	0	0	0	9	0	1	0	2	0	0	0	0	0	6	0	0	0	0	0
小秦艽	0	0	0	0	0	0	0	0	0	0	2	0	0	0	0	0	0	0	0	0	0	0
兴安升麻	0	0	0	0	0	0	0	0	0	0	1	0	0	0	1	0	1	0	0	0	0	0

续表

物种	内蒙古		辽宁		山西		北京		天津		陕西		宁夏		河北		山东		甘肃		河南	
	自治区内	保护区内	省内	保护区内	省内	保护区内	市内	保护区内	市内	保护区内	省内	保护区内	自治区内	保护区内	省内	保护区内	省内	保护区内	省内	保护区内	省内	保护区内
杏	0	0	0	0	0	0	0	0	0	0	0	0	0	0	7	0	0	0	0	0	2	0
徐长卿	0	0	0	0	1	0	6	0	4	0	0	0	0	0	1	0	13	4	0	0	2	0
玄参	0	0	0	0	1	0	0	0	0	0	2	0	0	0	0	0	0	0	0	0	1	0
旋覆花	0	0	0	0	43	10	0	0	6	2	10	1	0	0	13	2	31	4	3	2	11	0
鸭跖草	0	0	0	0	13	3	11	0	13	3	7	5	0	0	9	2	212	37	0	0	21	7
亚麻	0	0	0	0	0	0	0	0	0	0	11	3	1	0	0	0	0	0	1	0	0	0
延胡索	0	0	0	0	0	0	0	0	0	0	4	0	0	0	0	0	0	0	0	0	0	0
盐肤木	0	0	0	0	4	0	2	0	0	0	33	3	0	0	0	0	76	25	0	0	197	28
野葛	0	0	0	0	0	0	0	0	1	0	0	0	0	0	0	0	0	0	0	0	0	0
野胡萝卜	0	0	0	0	26	2	4	0	1	0	15	5	0	0	8	0	8	2	1	0	18	0
野菊	0	0	0	0	4	0	2	0	12	4	68	3	0	0	32	0	94	21	7	0	210	13
益母草	2	0	0	0	20	0	2	5	3	0	40	6	2	2	4	0	82	22	6	0	62	2
明党参	0	0	0	0	44	1	17	5	3	0	17	3	0	0	4	0	1	0	7	2	2	0
茵陈蒿	59	12	0	0	73	6	56	4	6	0	110	6	113	37	48	1	89	8	54	9	48	0
银杏	0	0	0	0	0	0	0	0	0	0	0	0	0	0	0	0	4	0	0	0	0	0
淫羊藿	0	0	0	0	16	12	0	0	0	0	14	5	0	0	0	0	0	0	0	0	11	1
油松	12	12	0	0	606	72	38	8	94	8	408	50	48	46	440	94	376	88	42	12	92	12
玉兰	0	0	0	0	0	0	0	0	0	0	1	1	0	0	0	0	2	0	0	0	1	0
玉竹	6	6	0	0	67	27	26	2	11	3	105	18	8	7	85	4	32	10	3	0	19	2
郁李	0	0	0	0	2	0	0	0	0	0	0	0	0	0	0	0	24	18	0	0	7	0

续表

物种	内蒙古 自治区内	内蒙古 保护区内	辽宁 省内	辽宁 保护区内	山西 省内	山西 保护区内	北京 市内	北京 保护区内	天津 市内	天津 保护区内	陕西 省内	陕西 保护区内	宁夏 自治区内	宁夏 保护区内	河北 省内	河北 保护区内	山东 省内	山东 保护区内	甘肃 省内	甘肃 保护区内	河南 省内	河南 保护区内
鸢尾	3	1	0	0	5	0	0	0	0	0	0	0	1	0	1	0	12	0	0	0	1	0
圆叶牵牛	0	0	0	0	0	0	20	0	37	2	0	0	0	0	7	0	14	0	0	0	0	0
远志	36	14	0	0	103	7	7	0	1	0	48	8	21	14	94	1	14	2	1	0	0	0
皂荚	0	0	0	0	3	3	0	0	0	0	0	0	0	0	0	0	21	3	0	0	3	0
泽泻	0	0	0	0	10	1	0	0	0	0	0	0	0	0	0	0	0	0	0	0	0	0
长叶地榆	0	0	0	0	0	0	0	0	0	0	0	0	0	0	0	0	0	0	0	0	1	0
掌叶大黄	0	0	0	0	0	0	0	0	1	0	1	0	0	0	0	1	0	0	0	0	0	0
知母	12	3	0	0	0	0	7	0	0	0	0	0	0	0	2	0	0	0	0	0	0	0
栀子	0	0	0	0	0	0	0	0	0	0	0	0	0	0	0	0	1	0	0	0	3	0
直立百部	0	0	0	0	0	0	0	0	0	0	0	0	0	0	0	0	1	0	0	0	4	1
紫花地丁	0	0	0	0	46	5	1	0	6	0	78	1	2	2	9	1	31	8	11	0	8	0
紫花前胡	0	0	0	0	0	0	0	0	0	0	6	0	0	0	0	0	0	0	0	0	3	2
紫菫	0	0	0	0	0	0	0	0	0	0	5	2	0	0	12	0	0	0	3	0	2	0
紫芪	0	0	0	0	0	0	0	0	0	0	0	0	0	0	0	0	0	0	0	0	1	1
紫苏	0	0	0	0	0	0	0	0	3	0	12	3	0	0	0	0	0	0	3	0	12	0
紫菀	1	1	0	0	36	14	15	2	0	0	51	7	2	0	54	2	10	5	12	0	6	1
棕榈	0	0	0	0	0	0	0	0	0	0	0	0	0	0	0	0	0	0	0	0	4	0

二、保护和利用现状

不同的物种分布范围迥异，如茵陈蒿（*Artemisia capillaris*）在整个华北地区都有分布，枸骨（*Ilex cornuta*）则仅分布在河南南部地区。需要说明的是，一些中草药植物，如栝楼（*Trichosanthes kirilowii*），虽然实际分布较广，但由于多度很低，仅在个别样地中有记载。

以下是分省（自治区、直辖市）定量评价和总体定性评价。

内蒙古：内蒙古共有 66 种中草药植物资源分布，其中分布样地数最多的是地锦（*Euphorbia humifusa*）、茵陈蒿、蒺藜（*Tribulus terrester*）等草原和荒漠区的杂草，远志（*Polygala tenuifolia*）等在草甸草原和蒙古栎（*Quercus mongolica*）林常见分布。其中 51 种在保护区内有分布，占总种类的近 80%。在保护区内分布比例最高的是蒲公英（*Taraxacum mongolicum*）、远志、地榆（*Sanguisorba officinalis*）、丁香（*Syringa oblata*）等。

辽宁：辽宁共有 6 种中草药植物资源分布，包括防风（*Saposhnikovia divaricata*）、茜草（*Rubia cordifolia*）、地榆、轮叶沙参（*Adenophora tetraphylla*）、黄花蒿（*Artemisia annua*）、酸枣，除黄花蒿和酸枣外，其余均在保护区内有分布。由于辽宁不是调查的重点区域，因此其中草药植物资源的保护和利用不具有代表性。

山西：山西共有 129 种中草药植物资源分布，其中分布样地数在 300 个及以上的有车前（*Plantago asiatica*）、油松、委陵菜（*Potentilla chinensis*）、沙棘（*Hippophae rhamnoides*）、茜草、蒲公英（*Taraxacum mongolicum*）和老鹳草（*Geranium wilfordii*），占所调查样地数的 40% 以上。其中出现样地数最多的是车前，出现的样地数为 676 个，占该省总样地数的比例接近 90%，其中在保护区内分布的样地有 98 个。在所发现的 129 种中草药植物中，共有 38 种不在保护区内出现。这些不在保护区内分布的中草药植物既有杂树、杂草[如臭椿、独行菜（*Lepidium apetalum*）]，又有红麸杨、宽叶羌活（*Notopterygium franchetii*）等多度较少的植物，说明亟须保护省内特定生境下的药用植物。

北京：　北京共调查到中草药植物资源 83 种，出现最多的是酸枣，共出现在 252 个样地，占该市总样地数的比例接近一半，其次是山杏和茜草，出现的样地数都在 100 个以上。在调查到的中草药植物资源中，共有 52 种没有分布在保护区内，在保护区内出现最多的是山杏，共在 17 个样地出现，其余种类出现在保护区内的样地数都在 10 个以内。从保护中草药资源的角度来看，北京地区的保护力度显然是远远不够的。现实情况是北京市保护区数量少，仅仅分布在局部中高海拔的山地，显然对药用植物资源的保护缺少力度。

天津：天津境内共出现保护植物 65 种，其中出现样地数最多的是桑（*Morus alba*），出现样地数 196 个，占总样地数的一半以上；其次是芦苇（*Phragmites communis*），出现样地数 100 个以上。在所有的药用植物种，有 34 种在保护区内没有发现分布，占总种数的一半以上，在保护区内出现样地数最多的是芦苇，其次是桑，占该市总样地数的 1/5，甚至 1/15。从保护中草药资源的角度来看，天津地区显然也是远远不够的，这与天津地区保护区数量少，分布在局部山区和滨海地区有关。

陕西：陕西境内调查样地共出现药用植物 150 种，其中出现样地数最多的是油松，在 408 个样地中出现，占所调查样地的一半以上。出现样地数 100 个以上的有漆、忍冬、茵陈蒿、玉竹（*Polygonatum odoratum*）、连翘（*Forsythia suspensa*）等。不在保护区内出现的种类共有 53 种，占总数的 1/3 左右。共有 50 个含有油松的样地出现在保护区内。其余种类出现在保护区内的样地数都在 20 个以下。总体上，陕西境内中草药植物资源有一定程度的变化，最缺少保护的是活血丹（*Glechoma longituba*），样地数近 50 个，但没有样地出现在保护区。

宁夏：宁夏境内共出现 71 种药用植物。出现样地数最多的是茵陈蒿，共在 113 个样地中出现，占该区总样地数的一半以上；其次是沙棘、芦苇和山桃，出现的样地数均在 50 个以上。共有 17 种中草药植物没有在保护区样地中出现，占总数的近 1/5。最值得保护的是酸枣，共在 25 个样地中出现，但没有一个样地是在保护区内。总体上，宁夏的保护区建设对药用植物保护较好，但对一些种类的保护还有待加强。

河北：河北境内样地中共出现药用植物 120 种，出现样地数最多的是油松，共在 440 个样地中出现，占该省总样地数的一半以上。出现在 200 个以上样地中的种类还有山杏和酸枣。所有的中草药植物种，共有 59 个种类没有在保护区的样地中出现，占总数的接近一半。最有代表性的种类是远志，出现的样地数共 94 个，但仅个别样地出现在保护区内，说明对其保护还有待加强。总体上河北省的保护区大部分分布在太行山、燕山和冀北山地，而河北省自然植被复杂多样，从药用植物的保护来看，自然保护区建设仍有待加强。

山东：山东境内样地共出现药用植物 139 种，其中出现样地数最多的是油松，共在 376 个样地中出现，占该省总样地数的 40%以上。出现在 200 个样地中的还有芦苇、茜草、桑和鸭跖草（*Commelina communis*）。其中油松和芦苇分别是低山丘陵和滨海地区常见的种类。从保护的情况来看，共有 45 种中草药植物不在保护区的样地中出现，占总数的 30%左右，较有代表性的植物包括苘麻（*Abutilon theophrasti*）和合欢，出现的样地数均为 40～50 个，但在保护区的样地中未见这两个种类。总体上，山东省保护区建设对药用植物的保护仍然还需要加强。

甘肃：甘肃境内的样地中共出现 75 种保护植物，其中出现最多的是茵陈蒿，共在 54 个样地中出现，占该省总样地数的一半左右。出现在 20 个以上样地中的还有油松和杠柳（*Periploca sepium*）。甘肃境内只有 20 种中草药植物出现在保护区样地中，其余种类均没有在保护区样地中出现。其中较有代表性的是桑，共在 16 个样地中出现，但没有一个样地出现在保护区中。总体上，甘肃省对于华北植物区系的中草药物种的保护仍然有待加强。

河南：河南境内样地中共出现药用植物 134 种，出现最多的是野菊（*Chrysanthemum indicum*），共在 210 个样地中出现，占该省总样地数的近 1/3。出现在 150 个样地以上的种类有盐肤木、酸枣、白茅（*Imperata cylindrica* var. *major*）、桑、马尾松和柏树。河南省共有 74 种中草药植物没有在保护区的样地中出现，占总数的一半以上。较有代表性的如卷柏（*Selaginella tamariscina*）和丹参（*Salvia miltiorrhiza*），出现的样地数为 50～60 个，但没有一个样地分布在保护区内。

三、总 体 评 价

华北地区的中草药植物资源分布较均匀，核心区域的省（自治区、直辖市）均出现 100 种以上中草药植物。但各省（自治区、直辖市）保护区建设对中草药植物的保护情况存在明显的不同，河南、山东、甘肃、河北、北京、天津等省（市）对药用植物资源的保护还远远不够，应该与自然保护区的不合理分布有关。药用植物的利用主要表现为不同的植物利用情况不同，一些常见乔木，如油松、马尾松、侧柏（*Platycladus orientalis*）等，作为人工造林的主要种类，资源量大；一些杂草，如茵陈蒿等，在华北地区普遍分布，资源过剩。但有相当多的植物如丹参和孩儿参（*Pseudostellaria heterophylla*）等在零星的样地中出现，资源量少，保护状况欠佳，建议对其加强保护，并进行人工培育。

第二节　重要经济植物

一、种类概况和生境条件

华北地区共有潜在利用价值的重要经济植物 79 种（表 2-2）。其中乔木 24 种，主要包括榆科[榆树（*Ulmus pumila*）、大果榆（*U. macrocarpa*）、榔榆（*U. parvifolia*）、

表2-2　重要经济植物分省（自治区、直辖市）、保护区统计

物种	内蒙古 自治区内	内蒙古 保护区内	辽宁 省内	辽宁 保护区内	山西 省内	山西 保护区内	北京 市内	北京 保护区内	天津 市内	天津 保护区内	陕西 省内	陕西 保护区内	宁夏 自治区内	宁夏 保护区内	河北 省内	河北 保护区内	山东 省内	山东 保护区内	甘肃 省内	甘肃 保护区内	河南 省内	河南 保护区内
矮锦鸡儿	2	0	0	0	7	0	0	0	0	0	1	0	0	0	4	0	0	0	0	0	0	0
艾麻	0	0	0	0	1	0	0	0	0	0	0	0	0	0	0	0	2	1	0	0	0	0
白背叶	0	0	0	0	4	0	0	0	4	0	3	1	0	0	1	0	5	1	0	0	3	2
蝙蝠葛	0	0	0	0	17	5	0	0	0	0	9	2	0	0	2	0	19	0	0	0	8	2
扁担杆	4	1	0	0	24	1	0	0	44	0	9	0	3	2	25	0	21	2	1	0	16	7
变叶榕	0	0	0	0	1	0	0	0	0	0	0	0	0	0	0	0	1	0	0	0	0	0
草木樨	3	1	0	0	30	3	3	0	9	2	4	0	1	1	28	1	20	3	0	0	5	1
茶条槭	2	2	2	2	54	5	2	2	8	2	55	10	11	8	9	2	60	18	5	5	54	18
垂丝卫矛	0	0	0	0	3	0	0	0	0	0	5	4	2	0	0	0	15	0	0	0	4	0
春榆	0	0	0	0	1	0	0	0	1	0	0	0	0	0	0	0	0	1	1	0	2	0
刺榆	0	0	0	0	0	0	0	0	0	0	0	0	0	0	3	0	1	0	0	0	0	0
大火草	1	0	0	0	23	2	7	1	5	0	0	0	3	0	15	4	33	16	1	1	12	2
大麻	0	0	0	0	0	0	0	0	1	0	7	1	0	0	0	0	1	1	0	0	1	0
大叶胡枝子	0	0	0	0	1	0	0	0	0	0	0	0	0	0	0	0	0	0	0	0	0	0
大叶朴	0	0	0	0	34	10	1	0	0	0	11	4	4	4	4	0	51	5	0	0	14	2
大叶苎麻	0	0	0	0	0	0	0	0	0	0	1	0	0	0	0	0	2	0	1	0	0	0
短梗胡枝子	0	0	0	0	0	0	0	0	0	0	1	0	0	0	0	0	1	0	0	0	2	0
椴树	0	0	0	0	7	1	0	0	0	0	4	0	3	3	1	0	22	3	0	0	8	3
防己	0	0	0	0	1	0	0	0	0	0	0	0	0	0	0	0	1	0	0	0	2	1

续表

物种	内蒙古 自治区内	内蒙古 保护区内	辽宁 省内	辽宁 保护区内	山西 省内	山西 保护区内	北京 市内	北京 保护区内	天津 市内	天津 保护区内	陕西 省内	陕西 保护区内	宁夏 自治区内	宁夏 保护区内	河北 省内	河北 保护区内	山东 省内	山东 保护区内	甘肃 省内	甘肃 保护区内	河南 省内	河南 保护区内
枫杨	0	0	0	0	7	0	0	0	2	1	9	2	0	0	1	0	29	2	2	0	3	1
甘草	0	0	0	0	4	0	1	0	9	0	2	0	2	2	12	0	7	1	0	0	2	0
葛藤	0	0	0	0	0	0	0	0	0	0	4	0	0	0	0	0	0	0	0	0	0	0
勾儿茶	0	0	0	0	4	0	0	0	0	0	3	1	0	0	0	0	10	6	0	0	4	0
光果田麻	0	0	0	0	0	0	0	0	3	0	9	2	0	0	0	0	4	0	0	0	7	0
光叶榉	1	1	0	0	0	0	0	0	0	0	0	0	0	0	0	0	0	0	0	0	0	0
鬼箭锦鸡儿	0	0	0	0	0	0	0	0	0	0	3	0	0	0	1	0	0	0	0	0	0	0
旱柳	0	0	0	0	2	0	0	0	1	0	13	4	2	2	4	0	16	1	1	0	4	0
胡桃楸	1	1	3	3	24	7	8	3	2	0	15	7	5	4	14	0	55	2	4	4	19	3
胡枝子	14	5	3	3	153	12	8	3	79	24	101	19	18	9	53	7	142	16	10	5	76	18
湖北枫杨	0	0	0	0	3	0	0	0	0	0	0	0	0	0	0	0	0	0	0	0	0	0
花木蓝	5	0	0	0	35	3	4	0	16	4	38	1	3	3	11	0	22	1	1	0	18	2
华椴	0	0	0	0	6	0	0	0	0	0	2	0	0	0	1	0	4	0	0	0	4	1
华桑	0	0	0	0	3	3	0	0	0	0	3	1	1	1	0	0	2	0	0	0	3	2
化香树	8	0	0	0	26	1	0	1	6	0	9	3	1	0	17	0	15	1	1	0	3	0
槐	0	0	0	0	3	0	0	0	0	0	2	0	0	0	0	0	4	3	0	0	1	0
黄檗	4	1	1	0	17	1	0	0	11	2	1	1	1	1	5	0	0	0	0	0	0	0
鸡桑	0	0	0	0	5	0	1	0	0	0	4	1	2	1	2	0	9	0	1	0	4	0
蒺藜	6	0	0	0	30	2	9	0	10	1	11	4	0	0	22	0	18	4	1	0	16	0

续表

物种	内蒙古		辽宁		山西		北京		天津		陕西		宁夏		河北		山东		甘肃		河南	
	自治区内	保护区内	省内	保护区内	省内	保护区内	市内	保护区内	市内	保护区内	省内	保护区内	自治区内	保护区内	省内	保护区内	省内	保护区内	省内	保护区内	省内	保护区内
决明	0	0	0	0	1	0	0	0	1	1	0	0	0	0	0	0	1	0	0	0	0	0
蕨	1	0	0	0	36	5	0	0	8	0	28	1	4	0	4	0	39	5	4	0	20	3
苦参	2	0	0	0	16	6	2	1	6	0	9	0	1	0	15	0	10	3	1	0	6	0
宽叶荨麻	0	0	0	0	0	0	0	0	0	0	1	1	0	0	0	0	2	0	0	0	0	0
蓝花棘豆	1	1	1	1	15	0	4	0	4	0	3	1	3	1	22	1	22	10	1	0	11	2
榔榆	1	1	1	1	5	2	1	1	7	5	1	1	1	1	3	1	1	1	1	1	1	1
葎草	0	0	0	0	68	3	6	0	12	0	84	12	4	1	33	5	118	14	13	3	44	1
蒙椴	0	0	0	0	5	2	0	0	0	0	4	0	2	2	0	0	17	1	0	0	7	1
木防己	0	0	0	0	12	0	0	0	4	1	11	2	0	0	2	0	7	0	1	0	8	1
南京椴	0	0	0	0	0	0	1	0	0	0	0	0	0	0	1	0	2	1	0	0	0	0
南蛇藤	0	0	0	0	27	8	0	0	0	0	31	3	4	2	2	0	48	6	5	4	25	1
朴树	0	0	0	0	6	2	0	0	2	0	20	4	4	0	3	0	15	2	0	0	8	0
青檀	1	1	1	1	6	5	1	0	3	1	3	1	1	1	3	1	7	2	1	1	1	1
青榨槭	2	0	0	0	36	5	0	0	0	0	24	5	4	4	4	0	58	20	1	0	18	2
苘麻	0	0	0	0	13	0	0	0	0	0	19	1	1	0	3	0	33	3	1	0	12	0
桑	1	0	0	0	42	11	3	0	9	0	31	6	1	1	7	0	43	3	6	0	20	4
色木槭	0	0	0	0	12	2	0	0	1	1	9	0	3	3	1	0	17	0	1	0	11	5
山合欢	0	0	0	0	1	0	0	0	0	0	0	0	0	0	0	0	1	0	0	0	0	0
山黄麻	0	0	0	0	0	0	0	0	0	0	1	0	0	0	0	0	0	0	0	0	0	0
山杨	3	1	1	0	54	7	0	0	1	0	43	12	11	9	17	1	95	18	3	2	60	21

续表

物种	内蒙古		辽宁		山西		北京		天津		陕西		宁夏		河北		山东		甘肃		河南	
	自治区内	保护区内	省内	保护区内	省内	保护区内	市内	保护区内	市内	保护区内	省内	保护区内	自治区内	保护区内	省内	保护区内	省内	保护区内	省内	保护区内	省内	保护区内
乌苏里藜	0	0	0	0	1	0	0	0	0	0	2	0	0	0	1	0	2	0	0	0	2	0
细野麻	1	1	0	0	0	0	0	0	0	0	0	0	0	0	1	0	1	0	0	0	0	0
响叶杨	2	0	0	0	0	0	0	0	3	0	0	0	0	0	3	0	2	0	0	0	0	0
小叶锦鸡儿	14	2	0	0	32	0	1	0	14	0	2	0	0	0	34	9	5	0	1	0	6	0
小叶朴	2	0	0	0	20	6	0	0	0	0	5	2	0	0	8	4	28	4	0	0	18	2
蝎子草	0	0	0	0	1	0	0	0	2	0	0	0	0	0	0	0	4	1	0	0	0	0
悬铃木叶苎麻	0	0	0	0	0	0	0	0	1	0	0	0	0	0	2	0	1	1	0	0	0	0
亚麻	0	0	0	0	4	0	0	0	0	0	0	0	0	0	2	0	3	0	0	0	3	0
野桐	3	3	0	0	0	0	0	0	0	0	0	0	0	0	1	0	5	2	0	0	0	0
野珠兰	0	0	0	0	0	0	0	0	0	0	2	0	0	0	0	0	2	0	0	0	0	0
叶底珠	0	0	0	0	1	1	0	0	20	0	0	0	0	0	4	0	0	0	0	0	0	0
异叶榕	0	0	0	0	0	0	0	0	0	0	0	0	0	0	0	0	1	0	0	0	0	0
蔓黄	0	0	0	0	0	0	0	0	0	0	0	0	0	0	0	0	0	0	0	0	0	0
榆树	6	3	0	0	29	6	6	0	42	2	37	3	2	0	43	1	35	1	1	0	13	4
柘	0	0	0	0	5	1	0	0	0	0	6	0	0	0	2	0	6	1	0	0	3	0
珠芽艾麻	0	0	0	0	0	0	0	0	0	0	0	0	0	0	0	0	1	0	2	2	0	0
苎麻	1	0	0	0	2	0	0	0	3	0	1	0	0	0	0	0	6	0	2	0	3	1
紫弹树	0	0	0	0	2	0	0	0	0	0	1	0	0	0	8	0	2	0	0	0	1	1
紫椴	0	0	0	0	13	4	0	0	0	0	6	1	0	0	1	0	12	0	0	0	11	2
紫穗槐	2	2	0	0	5	1	0	0	3	0	19	1	0	0	4	0	16	0	3	0	2	0

春榆（*U. davidiana*）、刺榆（*Hemiptelea davidii*）、光叶榉（*Zelkova serrata*）、小叶朴（*Celtis bungeana*）、大叶朴（*C. koraiensis*）、紫弹树（*C. biondii*）、青檀（*Pteroceltis tatarinowii*）]；其次有杨柳科[山杨（*Populus davidiana*）、响叶杨（*P. adenopoda*）、旱柳（*Salix matsudana*）]、椴树科[糠椴（*Tilia mandshurica*）、紫椴（*T. amurensis*）、蒙椴（*T. mongolica*）]、槭树科[青榨槭（*Acer davidii*）、茶条槭（*A. tataricum*）]、胡桃科[枫杨（*Pterocarya stenoptera*）、湖北枫杨（*P. hupehensis*）、胡桃楸（*Juglans mandshurica*）]、豆科[槐（*Sophora japonica*）、山合欢（*Albizzia kalkora*）]、桑科[桑（*Morus alba*）]。灌木有 17 种，主要包括豆科 [紫穗槐（*Amorpha fruticosa*）、矮锦鸡儿（*Caragana pygmaea*）、美丽胡枝子（*Lespedeza formosa*）、胡枝子（*L. bicolor*）、鬼箭锦鸡儿（*Caragana jubata*）、花木蓝（*Indigofera kirilowii*）]，其余有榆科[大叶朴（*C. koraiensis*）]、椴树科[扁担杆（*Grewia biloba*）]、桑科[异叶榕（*Ficus heteromorpha*）、华桑（*Morus cathayana*）、鸡桑（*Morus australis*）、柘树（*Cudrania tricuspidata*）]、卫矛科[垂丝卫矛（*Euonymus oxyphyllus*）]、蔷薇科[黄刺玫（*Rosa xanthina*）、野珠兰（*Stephanandra chinensis*）]、大戟科[野桐（*Mallotus nepalensis*）、叶底珠（*Flueggea suffruticosa*）]。藤本植物分为木质藤本和草质藤本，共 8 种，其中木质藤本有鼠李科[勾儿茶（*Berchemia sinica*）]、防己科[木防己（*Cocculus orbiculatus*）]、卫矛科[南蛇藤（*Celastrus orbiculatus*）]、葡萄科[蘡薁（*Vitis bryoniifolia*）]，草质藤本有防己科[防己（*Sinomenium acutum*）]、豆科[葛藤（*Pueraria pseudo-hirsuta*）]、桑科[葎草（*Humulus scandens*）]、葡萄科[乌蔹莓（*Cayratia japonica*）]。其余为草本植物，主要有豆科[草木樨（*Melilotus suaveolens*）、甘草（*Glycyrrhiza uralensis*）、苦参（*Sophora flavescens*）]、荨麻科[苎麻（*Boehmeria nivea*）、大叶苎麻（*Boehmeria japonica*）、大麻（*Cannabis sativa*）、艾麻（*Laportea cuspidata*）]、椴树科[光果田麻（*Corchoropsis crenata*）]、亚麻科[亚麻（*Linum usitatissimum*）]、蒺藜科[蒺藜（*Tribulus terrester*）]等。

以上经济植物大部分分布在中低海拔山地丘陵，出现样地数最多的胡枝子主要为中低海拔灌丛的组成种类，或者在人为破坏后残存的森林片段中出现。但有一些植物常分布在特殊的生境条件下，如鬼箭锦鸡儿分布在亚高山灌丛中，响叶杨、旱柳、胡桃楸等主要分布在沟谷杂木林中。一些植物（如山杨、蒙椴）可以作为落叶阔叶林的建群种或者共建种而存在。少数植物（如蒺藜、野大麻、葎草）属于杂草，在村旁道旁出现。

野外调查的省（自治区、直辖市）统计结果见表 2-2。

二、保护和利用现状

以上经济植物大部分得到了人类不同程度的利用，一些乔木，如槐、榆树、旱柳、椴树、紫穗槐是华北地区广泛应用的绿化植物，苎麻、大叶苎麻作为纤维植物被广泛利用，桑被养蚕利用的历史非常悠久，甘草、苦参、藜藜等作为药用植物而得到了广泛利用，草木樨可以作为饲草。还有一些植物虽然得到了利用，但推广不够，如青檀、叶底珠、青榨槭、茶条槭作为绿化树种仅在少数地区被利用。

从保护的情况来看，各省（自治区、直辖市）的情况不尽相同（表 2-2）。

内蒙古：内蒙古出现经济植物 28 种。分布最广泛的是胡枝子和小叶锦鸡儿，在 14 个样地中出现。除苦参（*S. flavescens*）、藜藜、蕨（*Pteridium aquilinum* var. *latiusculum*）以外，大部分植物是木本植物，保护区内出现最多的是胡枝子，在 5 个保护区中出现。有 12 种植物虽然在群落调查中出现，但没有出现在保护区内的样地中，如化香树、花木蓝等。

辽宁：调查中辽宁共出现 4 种经济植物，这与辽宁不是本次调查的重点区域有关。这 4 种植物是胡枝子、茶条槭、榔榆、青檀，均在保护区内出现。

山西：山西共出现经济植物 59 种，占总数的比例约为 80%。出现最多的是胡枝子，共在 153 个样地中出现。葎草、茶条槭和山杨的出现比例也比较高。同样，在保护区中出现频率最高的是胡枝子，在 12 个保护区中出现。山西共有 28 种经济植物在保护区外出现比例高但没有在保护区内的样地出现，主要有小叶锦鸡儿（32 个样地）、蓝花棘豆（15 个样地）等。

北京：调查中北京共出现 19 种经济植物，出现的样地数均在 10 个以内。北京地区共有 12 个种类没有出现在保护区的样地中，占经济植物总数的 60%，其中甘草、大叶朴较有保护价值。其余种类主要出现在低山丘陵灌丛中和村旁道旁。

天津：天津共有 37 种经济植物在样地中出现，出现次数最多的是胡枝子，在 79 个样地中出现，占该市总样地数的 1/3 左右。出现样地数为 40～50 个的有扁担杆、榆树，均为低山丘陵常见乔木和灌木。共有 24 种植物没有在保护区的样地中出现，占总数的 60%左右，较有保护价值的有甘草、苦参等药用植物。尽管叶底珠和扁担杆出现的样地数在 20 个及以上，但在保护区内没有样地，这与保护区分布在中高海拔山地有关。

陕西：陕西共出现经济植物 56 种，其中出现次数最多的是胡枝子，在 101 个样地中出现，占该省总样地数的 15%左右；其次是葎草和茶条槭，出现的样地数都在 50 个以上。在保护区内出现次数最多的是胡枝子。不在保护区样地内出现的植物种类共有 21 种，较有保护价值的包括苦参、色木槭、甘草等。总体上陕西经济植物保护较好，这与中低海拔地区保护区建设有关。

宁夏：宁夏共出现 31 种经济植物。出现在 10 个样地以上的有胡枝子、茶条槭和山杨。在保护区样地中出现最多的也是这 3 个种类。宁夏共有 8 种经济植物没有在保护区的样地中出现，包括蕨、朴树、大火草和垂丝卫矛等。总体上，宁夏的自然保护区对经济植物的保护较好。

河北：调查中河北共出现 53 种经济植物。其中出现在 30 个以上样地中的有胡枝子、榆树、小叶锦鸡儿和葎草。同样，在保护区内出现最多的是小叶锦鸡儿和胡枝子。河北境内的经济植物共有 40 种未在保护区样地中被发现，占总数的 3/4 左右，这与河北境内的保护区主要分布在中高海拔山地有关。较有代表性的是低山常出现的蒺藜和扁担杆，出现的总样地数均在 20 个以上，均未在保护区样地中被发现。

山东：山东共有 68 种经济植物在调查中被发现，出现样地数最多的是胡枝子，共在 142 个样地中出现，占该省总样地数的 1/5 左右。其次是葎草、山杨，出现的样地数均在 90 个以上（占该省总样地数的 1/10 左右）。山东共有 29 种经济植物未在保护区内的样地中被发现，占经济植物总数的 40%左右。其中较有代表性的是蝙蝠葛、色木槭、紫穗槐、垂丝卫矛，出现的样地数均在 15 个以上，但都分布在保护区以外。

甘肃：甘肃共有 30 种经济植物在样地中出现，出现在 10 个及以上样地中的有葎草和胡枝子，这与甘肃样地设置较少有关。出现在保护区样地中最多的是胡枝子和茶条槭，均在 5 个保护区样地中出现。甘肃共有 21 种经济植物未出现在保护区的样地中，占总数的 2/3 左右，包括青榨槭、苦参等自然分布较少的种类。

河南：河南共有 52 种经济植物在调查中被发现。其中出现次数最多的是胡枝子，共在 76 个样地中出现，占该省总样地数的 1/10 左右。其次是山杨、茶条槭和葎草，出现的样地数均在 40 个以上。在保护区样地中出现最多的是山杨（21个），其次是胡枝子和茶条槭（均为 18 个样地）。河南共有 20 个种类未在保护区样地中被发现，占总数的 40%左右，其中有杂草，如蒺藜共出现在 16 个样地中，均在保护区以外，但也有朴树等值得保护的植物。

三、总体评价

经济植物应该以利用为主，对资源量少的应该加强保护。华北地区的经济植物利用与其资源量和利用历史有关，目前仍然有较多的经济植物未能得到有效利用。从保护区建设来看，不同的省（自治区、直辖市）保护情况不尽相同。在中低海拔建有保护区的省份对经济植物保护较好，而仅在高海拔山地建立保护区的省份对一些资源量少的经济植物缺少保护。另外，经济植物种有一些为杂草。大部分省份的保护区样地中未见这些杂草，说明自然保护区的人为干扰较少。

第三节 珍稀濒危植物

一、种类概况和生境条件

华北地区植物群落资源综合考察的所有样地中共出现珍稀濒危植物 15 种，乔木有樟子松（*Pinus sylvestris* var. *mongolica*）、华北落叶松（*Larix principis-rupprechtii*）、野核桃（*Juglans cathayensis*）、黄檗（*Phellodendron amurense*），灌木有沙冬青（*Ammopiptanthus mongolicus*）、山柳（*Salix pseudotangii*）、绵刺（*Potaninia mongolica*）、野生玫瑰（*Rosa rugosa*），草本植物有华北乌头（*Aconitum soongaricum* var. *angustius*）、大花杓兰（*Cypripedium macranthum*）、山西杓兰（*Cypripedium shanxiense*）、冀北翠雀花（*Delphinium siwanense*）、青岛百合（*Lilium tsingtauense*）等（表 2-3）。

以上种类中，樟子松和华北落叶松为人造林树种，主要分布在河北塞罕坝等地。樟子松分布在沙地，华北落叶松分布在高海拔山地。山柳是高海拔山地常见的灌木，在华北地区北部分布。野核桃、黄檗是喜暖的古近纪—新近纪残遗植物，在华北地区主要分布在太行山和燕山等山地沟谷中。沙冬青和绵刺属于沙生灌木，在华北地区西北部的沙地中出现。几种珍稀濒危草本植物主要分布于燕山和冀北山地中高海拔落叶阔叶林中，喜欢阴湿的生境条件。

野外调查的分省（自治区、直辖市）统计结果见表 2-3。

二、保护和利用现状

从省（自治区、直辖市）分布来看，以上种类仅见于北京、河北、甘肃、内蒙古和山东等地区，在其他省（自治区、直辖市）未见出现（表 2-3）。

北京：个别样地中出现了大花杓兰、华北乌头、野核桃和三七，除华北乌头见于保护区内，其余在保护区的样地中未见出现，说明北京地区对于珍稀濒危植物的变化研究有待加强。

表 2-3　珍稀濒危植物分省（自治区、直辖市）、保护区统计

物种	内蒙古		辽宁		山西		北京		天津		陕西		宁夏		河北		山东		甘肃		河南	
	自治区内	保护区内	省内	保护区内	省内	保护区内	市内	保护区内	市内	保护区内	省内	保护区内	自治区内	保护区内	省内	保护区内	省内	保护区内	省内	保护区内	省内	保护区内
大花杓兰	0	0	0	0	0	0	1	0	0	0	0	0	0	0	0	0	0	0	0	0	0	0
胡桃	0	0	0	0	0	0	0	0	0	0	0	0	0	0	7	1	0	0	0	0	0	0
华北落叶松	0	0	0	0	0	0	0	0	0	0	0	0	0	0	46	27	0	0	4	0	0	0
华北鸟头	0	0	0	0	0	0	1	1	0	0	0	0	0	0	2	0	0	0	0	0	0	0
黄檗	0	0	0	0	0	0	0	0	0	0	0	0	0	0	6	0	0	0	0	0	0	0
冀北翠雀花	0	0	0	0	0	0	0	0	0	0	0	0	0	0	1	0	0	0	0	0	0	0
绵刺	3	0	0	0	0	0	0	0	0	0	0	0	0	0	0	0	0	0	0	0	0	0
青岛百合	0	0	0	0	0	0	0	0	0	0	0	0	0	0	0	0	0	1	0	0	0	0
三七	0	0	0	0	0	0	2	0	0	0	0	0	0	0	0	0	0	0	0	0	0	0
沙冬青	5	0	0	0	0	0	0	0	0	0	0	0	0	0	0	0	0	0	0	0	0	0
山柳	0	0	0	0	0	0	0	0	0	0	0	0	0	0	43	35	0	0	0	0	0	0
山西杓兰	0	0	0	0	0	0	1	0	0	0	0	0	0	0	1	0	0	0	0	0	0	0
野核桃	0	0	0	0	0	0	0	0	0	0	0	0	0	0	2	0	0	0	0	0	0	0
野生玫瑰	0	0	0	0	0	0	0	0	0	0	0	0	0	0	0	0	0	1	0	0	0	0
樟子松	0	0	0	0	0	0	0	0	0	0	0	0	0	0	12	1	0	0	0	0	0	0

河北：河北是乔木种类华北落叶松、樟子松、山柳、野核桃、黄檗的主要分布区，这些种类集中分布于河北北部的小五台山和塞罕坝等高海拔地区。值得注意的是，河北境内的华北落叶松和樟子松大部分为人工林。草本植物种，如华北乌头、山西杓兰、冀北翠雀花都出现在保护区以外的样地中，说明保护区建设仍然存在较大空白。

内蒙古：内蒙古是珍稀濒危植物绵刺和沙冬青的主要分布区，但所有含有这两种植物的样地均出现在保护区以外，说明有待扩展保护区。

甘肃：甘肃出现了 4 个华北落叶松的样地，均位于保护区以外。

山东：野生玫瑰见于山东沿海沙滩，是重要的护滩植物，20 世纪 80 年代以前，其分布范围广，常常形成群落。但由于采沙和房地产开发等原因，大多数地段的野生玫瑰群落已经消失，急需对其加强保护。青岛百合分布于崂山、昆嵛山等地，是重要的观赏植物和种质资源，在崂山和昆嵛山保护区中得到了一定的保护。

三、总 体 评 价

华北地区的珍稀濒危植物种类较少。这些珍稀濒危植物种中，华北落叶松和樟子松作为造林的主要树种，其中樟子松为区外引入种类，用于固沙。其他珍稀濒危植物主要有古近纪—新近纪残遗的黄檗、野核桃等种类，它们零星分布于太行山、燕山等山地的沟谷中，保护难度大。草本珍稀濒危植物主要分布于河北、北京等地的中高海拔山地的落叶阔叶林中，保护区覆盖不足，亟待加强。

（执笔人：刘鸿雁　唐志尧）

第三章 天津植物资源保护及其合理利用

第一节 自 然 概 况

天津位于华北平原的东北部，海河流域下游，西北与北京接壤，其余部分与河北省相邻。北起蓟州区古长城脚下黄崖关，南至滨海新区翟庄子以南的沧浪渠，南北长约 187km；东起滨海新区洒金坨以东陡河西排干渠，西至静海区子牙河畔王进庄，东西宽约 122km。地理坐标介于 38°34′～40°15′N 和 116°43′～118°04′E。全市总面积为 11966.45km^2（刘家宜，2004）。

一、地 质 地 貌

天津北部地处纬向构造体系与新华夏构造体系的复合部位，华北平原沉降带的东北部。中部和南部以新华夏构造体系为主纵贯南北。

区内出露或埋藏地层，自老至新有太古界、元古界、古生界、中生界和新生界。其中成岩地层除太古宇在蓟州北部山区有局部出露，其余均未见出露。古生界缺失上奥陶统—下石炭统，中生界缺失三叠系，新生界缺失古近系古新统，其他时期地层均有分布。第四系松散岩层层位齐全，成因复杂，广布于平原区。

天津地区地貌按形态自北而南划分为：基岩山区、堆积平原区和海岸潮间带区。北部为山区，分布于蓟州区内，102 国道以北，面积为 727km^2，占全市总面积的 6.43%。就其地势来看，呈北高南低的趋势。蓟州区北半部为基岩山地，属于燕山山脉，市内最高峰位于蓟州区与河北省兴隆县交界处的九山顶，标高1078.5m。山脉走向呈西北至东南伸延，一般标高 100～200m。

蓟州山区以南为开阔的平原区，属于华北平原的一部分，是由河流、海洋和沟谷等因素搬运堆积而成，地势平坦，自西北向东南缓缓侧斜，海拔都在 8m 以下，一般为 3～5m，面积占全市总面积的 93.57%。平原地区河流水渠纵横交错，呈低平多洼淀特征。

天津东南部为海岸带，位于渤海西岸，海岸线长 153.37km。

二、气　候　水　文

天津属于暖温带半湿润性大陆季风气候，特点是四季分明。春季干旱多风，夏季炎热多雨，秋季晴朗凉爽，冬季寒冷干燥。全年以冬季最长，为160天左右，夏季次之，为100天左右，春秋季最短，为50～55天。

全年平均气温为11℃，最冷的1月，月平均气温为–5.7～–3.9℃，最低气温出现过–27.4℃。夏季最热的7月平均气温为25.6～26.4℃，最高气温出现过42℃。天津的日照比较充足，全年的日照时数为2638～3124小时，年日照率为60%～70%，大于等于10℃的有效积温为4000～4300℃。初霜期为10月中下旬，终霜期为翌年的4月中旬，全年无霜期为185天左右。

全年平均降水量为600mm左右，四季降水分布不均，年变率大。夏季降水量最多，且集中在7月，平均为390mm，占全年降水量的65%。冬季降水量最少，只占全年降水量的2%。

全市共有一级河道19条，总长度为1047km；二级河道92条，总长度为1453km，全市形成了水系相通的平原河网。全市还分布着大小不同、深度不一的水库近100座，其中较大的有于桥水库、尔王庄水库、北大港水库、团泊洼和七里海等。内陆河流总面积约为551.2km²，水库总面积为380.6km²，永久性淡水湖面积为123.3km²，近海及海岸湿地面积为580.9km²，其他水域面积为81.8km²。

三、土　　　壤

根据自然条件，全市土壤分布特点为：山区为暖温带褐土（占6.74%）和棕壤（占0.7%），平原为非地带性潮土（占72%），沿海地区为滨海盐土（占6.97%）。此外，还分布有少量沼泽土和水稻土。

蓟州山区是天津植物资源分布的主要区域，该区域分布有棕壤、褐土、潮土和水稻土4个土类，内分9个亚类、19个土属、52个土种。

棕壤土主要分布在下营镇、小港乡北部海拔750m以上的地区，这里植被茂密，雨水较多，坡度较陡。表层有枯枝落叶层覆盖，其下为黑色或褐灰色腐殖层，下部为棕色淋溶层，有半风化的石块，紧接着是母岩。无石灰反应，土层较落薄，不足50cm，结构为团粒状，呈微酸性反应，pH酸碱度为5.86～6.63。有山地棕壤一个亚类、一个土属、两个土种，均是未被开垦的土壤。这个土类的自然肥力较高。目前属于封山育林区，不宜开垦。可利用其自然环境，在林下种植一些稀有药材。褐土是天津地区的主要土壤，分布在海拔750m以下的地区，是天津地区林果业的主要用地。由于地形地势复杂，高低、陡缓差别大，成土母质和成土条件不同，形成的土壤种类多。这个土类分为 6 个亚类、15 个土属、47 个土种。

微地域分布情况和特征如下：

粗骨性褐土亚类分布在山的上部和陡坡，植被被破坏，水土流失严重，土层较薄，母岩外露，剖面发育不明显。人们称其为石渣地、石板地、沙荒地。这个亚类分两个土属、4 个土种。

淋溶褐土亚类，在棕壤下边，植被覆盖度较好，有厚约 10cm 的腐殖质层，含砾石 10%左右，土层较厚，土体淋溶作用强，无石灰反应。这是干鲜果品的主要生产用地，这个亚类分 5 个土属、16 个土种。

石灰性褐土亚类，在淋溶褐土下部，广泛分布在低山、丘陵区，成土母质为石灰岩或洪积冲积物，土层厚薄不一，全剖面呈石灰反应。多为未开垦的荒山缓坡地。这个亚类分 3 个土属、6 个土种。

复石灰性褐土亚类，分布在石灰性褐土下部，覆被了中强石灰反应的表土层，但心土、底土无石灰反应，或有很弱的石灰反应。土体厚薄不一，含砾石 10%左右。这个亚类分一个土属、3 个土种。

褐土性土亚类，发育在洪积冲积物及人工堆垫上，成土时间短，无明显的褐土特性。有的夹沙质，有的夹卵石层。这个土类分两个土属、12 个土种。潮褐土亚类，分布在褐土性土层的最底部，集中在山麓丘陵带，是向潮土过渡的一个亚类，既有褐土特征，又有潮土特点，地下水位偏高，有锈纹锈斑，有不同程度的黏化层，土层厚，是农业的主要用地，以种植粮食为主。这个亚类分为 2 个土属、6 个土种。潮土分布在较低洼的地方，属于非地带性土壤。蓟州山区只有一个亚类、2 个土属、2 个土种。

水稻土，分布在城关镇公乐亭一带，是由于人为栽植水稻而形成的，属于北方水稻土亚类、洪积冲积土属、重壤质轻度潜育化水稻土。

天津平原地区是第四纪以来的河积海积物，这些沉积物受自然条件的影响，已发育成非地带性潮土。在低洼地区，地下水直接参与土壤形成过程，土壤发育成草甸土或盐渍化草甸土。平原地区是主要的农业用地。

天津滨海平原地区，地下水含盐量高，再加上海潮的影响，导致土壤含盐量增加，形成滨海盐土。此地发育着以滨海藜科植物为优势的盐生植被。

第二节　植　物　资　源

一、植物资源概况及分布

由《中国植被》可知，天津为暖温带落叶阔叶林地带，植被属于暖温带落叶阔叶林（中国植被编辑委员会，1980）。其植物区系以华北成分为主，以菊科、禾本科、豆科和蔷薇科种类最多，其次是百合科、莎草科、伞形科、毛茛科、十字花科及石竹科等，有维管植物1300余种，草本植物多于木本植物。

南部平原地区因农业生产历史悠久，其自然植被早已被破坏殆尽，天然森林已不复存在，仅有湖泊、河流、沼泽、沙地、盐土等。北部山区落叶阔叶林具有显著的次生性质，即原生森林植被被破坏后形成次生森林植被，其种类组成、群落结构均发育为典型的暖温带落叶阔叶林类型。经向地带性分布仍与自然相吻合，即与大陆东部湿润区森林植被类型相一致。由于气候带的暖温性质，天津地区植被具有喜温特点，表现为群落种类成分中有一定比例的热带及亚热带区系成分。

天津南部地区海拔范围不大，气候无明显差异，所以植被的垂直地带性分布规律不甚明显。北部山区的植被表现出明显的垂直分布界限，在海拔800m以上，以蒙古栎林为优势植被，构成典型的暖温带落叶阔叶林。海拔500～800m的湿润沟谷处常有流水，湿度较大，植被茂密，无明显优势种，构成多优势成分的落叶阔叶次生杂木林。油松林的分布不受海拔的限制，但多分布在阴坡或半阴坡，且多为人工栽培。

低山丘陵区植被，由于人为干扰，大部分山地的自然森林已被破坏，取而代之的则是以荆条（*Vitex negundo* var. *heterophylla*）、酸枣、白羊草（*Bothriochloa ischaemum*）、黄背草（*Themeda triandra* var. *japonica*）为优势的灌草丛植被。由于原有森林破坏后，森林环境发生了变化，气温升高、土壤干旱，失去了能使森林恢复的生态环境条件，一些耐干热的灌木、草丛植被侵入，形成大面积的灌草丛。现存的灌草丛仍为不稳定类型，在不受干扰的情况下，它将会沿着森林植被的方向演替，即在封山育林的条件下，其可望复原成森林植被；在继续受干扰的情况下，即在过度砍伐及过度放牧的条件下，植被将朝着裸地的方向发展。

平原地区河流纵横，洼淀众多，海岸线长。在这些地形、土壤等因素的影响下，发育着洼地沼泽植被、盐生植被、水生植被和沙生植被。在渤海湾海滩上，由于受海水的影响，土壤含盐量高达3%，发育着特殊植被，即以盐地碱蓬为优势种的盐生植被。东南部地处海河流域下游，地势低洼，形成了大大小小的洼地，发育着茂盛的芦苇沼泽植被。沙生植被仅分布在青光镇，面积不大，以刺藜（*Dysphania aristata*）、刺沙蓬（*Salsola tragus*）等为优势种。此外，天津地区是华北平原主要的农业基地之一，植被是以普通小麦（*Triticum aestivum*）、玉米（*Zea mays*）为主的大田作物；其次是公路两旁、农田周围及农村房前屋后的行道树、防护林带和果树林；另外，城市村镇的行道树和公园绿地等城市森林也是天津植被和植物资源中不可忽视的重要组成部分。

二、植物资源分类

天津境内的生态环境类型多样，野生植物资源丰富，区域植物资源分异明显，尤其是蓟州山区有多种新的野生植物资源，很多野生植物尚未被关注。有些植物资源很有开发、栽培、利用潜力，对建设"绿色天津"、提升农业经济再上新台阶，以及促进社会生态环境和谐稳定均有较大的指导意义。本次调查涉及维管植物资源 535 种，属于 92 个科，这些植物资源按用途可分为木材植物资源、食用植物资源、药用植物资源、蜜粉源植物资源、野生观赏植物资源、香料植物资源、纤维植物资源、油料淀粉植物资源八大类，其中不少植物兼具多方面用途。

1. 木材植物资源

木材植物资源是天津植物资源的重要组成部分，是天津森林植物群落构成的主体，对于调节京津冀区域的生态环境、涵养水源、旅游休憩、生物固碳等都有重要作用。另外，木材产品被认为是可再生、最环保的生物资源之一，是人们生活中不可缺少的重要物质资料。天津常见木材植物资源共包含 20 科 29 属 43 种，统计见表 3-1。

2. 食用植物资源

食用植物资源为人类提供了生存所需的大部分淀粉、蛋白质、脂肪、维生素和矿质元素。天津存在的野生食用植物主要分为两类：野果类植物和野菜类植物。野果类植物，如软枣猕猴桃、葛枣猕猴桃，它们的果实可以直接食用，也可以制成果汁、果酱等。野菜类植物，如荠菜、苦菜、辽东楤木等，稍加烹调，便十分美味。合理栽培利用将对促进山区农民经济发展起到积极作用。天津常见野生食用植物资源共计 21 科 51 种，见表 3-2。

表 3-1　天津常见木材植物资源汇总表

科名	科拉丁名	种名	种拉丁名	材质特点
松科	Pinaceae	油松	*Pinus tabuliformis*	木材富含松脂，耐腐，适作建筑、家具、枕木、矿柱、电杆、人造纤维等用材
柏科	Cupressaceae	侧柏	*Platycladus orientalis*	木材淡黄褐色，富含树脂，材质细密，纹理斜行，耐腐力强，坚实耐用，可作为建筑、器具、家具、农具及文具等用材
		圆柏	*Juniperus chinensis*	材质坚密，桃红色，有芳香，极耐久，可制图板、铅笔、家具、耐腐力强，可作为建筑、室内安装等用材、工艺品、室内安装等用材
杨柳科	Salicaceae	山杨	*Populus davidiana*	木材白色，轻软，富弹性，比重小，可作为造纸、火柴梗及民房建筑等用材
		垂柳	*Salix babylonica*	材质轻，易切削，干燥后不变形，无特殊气味，可作为建筑、家具、农具用材
		中国黄花柳	*Salix sinica*	木材白色，质轻，可作为家具、农具用材
胡桃科	Juglandaceae	胡桃楸	*Juglans mandshurica*	材质坚硬耐久，有光泽，刨面光滑，纹理美观，并具有坚韧不裂、耐腐等优点
桦木科	Betulaceae	坚桦	*Betula chinensis*	材质坚重，为北方较坚硬的木材之一，供制车轴及杵臼用
		黑桦	*Betula dahurica*	材质致密，可作为火车车厢、大车轴、胶合板、家具、枕木和建筑等用材
		白桦	*Betula platyphylla*	木质致密，可供一般建筑及制作器具之用
		千金榆	*Carpinus cordata*	材质坚重，致密，可作为工具、农具、家具等用材
		鹅耳枥	*Carpinus turczaninowii*	材质坚韧，可制农具、家具、日用小器具等
壳斗科	Fagaceae	麻栎	*Quercus acutissima*	材质坚硬，纹理直或斜，耐腐，气干易翘裂；可作为枕木、坑木、桥梁、地板等用材
		槲栎	*Quercus aliena*	材质坚硬，耐腐，纹理致密，可作为建筑、家具及薪装等用材
		槲树	*Quercus dentata*	材质坚实，可作为建筑、枕木、器具等用材，亦可培养香菇
		辽东栎	*Quercus liaotungensis*	材质坚硬，结构细腻，强度高，耐磨、耐腐、稳定性好，可作为家具、桥梁、建筑用材等
		蒙古栎	*Quercus mongolica*	材质坚硬，耐腐力强，干后易开裂；可作为车船、建筑、坑木等用材，压缩木可作为机械零件用材

续表

科名	科拉丁名	种名	种拉丁名	材质特点
		栓皮栎	Quercus variabilis	材质坚韧耐磨, 纹理直, 耐水湿, 结构略粗, 是重要用材, 可作为建筑、车、船、家具、枕木等用材
榆科	Ulmaceae	榆树	Ulmus pumila	木材纹理通直, 花纹清晰, 材质坚硬, 材质弹性好
		大果榆	Ulmus macrocarpa	材质坚硬致密, 不易开裂, 纹理美观, 耐腐、耐湿, 适用于车辆、枕木、建筑、农具、家具等
桑科	Moraceae	构树	Broussonetia papyrifera	木材可作为器具, 木浆造纸, 高档纤维板, 作为薪炭用材, 燃烧值高于刺槐
		桑	Morus alba	木材坚硬, 可制家具、乐器、雕刻等
蔷薇科	Rosaceae	杜梨	Pyrus betulifolia	木材呈土灰黄色, 木质细腻无华, 横竖纹理差别不大, 适用于雕刻, 多用此木雕刻木板和图章等
		水榴花楸	Sorbus alnifolia	木材供器具、车辆及模型用
豆科	Leguminosae	山合欢	Albizia kalkora	耐腐性强, 材质相当好, 适用于房屋建筑、家具、室内装修等
		刺槐	Robinia pseudoacacia	材质硬重, 抗腐耐磨, 宜作枕木、车辆、建筑、矿柱等多种用材; 贴面单板
芸香科	Rutaceae	臭檀	Evodia daniellii	材质坚硬, 纹理美丽, 有光泽, 是制作家具、农具的良材
		黄檗	Phellodendron amurense	材质坚硬, 边材为浅黄色, 心材为黄褐色, 是枪托、家具、装饰的优良用材, 也为胶合板材
苦木科	Simaroubaceae	臭椿	Ailanthus altissima	材质坚韧, 纹理直, 具有光泽, 易于加工, 是建筑和家具制作的优良用材, 因其木纤维长, 其也是造纸的优质原料
		苦树	Picrasma quassioides	木材具有天然抗菌作用, 未经处理的苦木制品, 痢疾杆菌、伤寒杆菌完全不能存活
楝科	Meliaceae	香椿	Toona sinensis	木材黄褐色而具有红色环带, 纹理美丽, 质地坚硬, 有光泽, 耐腐力强, 不翘, 不裂, 不易变形, 为家具、室内装饰品及造船的优良木材
漆树科	Anacardiaceae	漆	Toxicodendron vernicifluum	木材供建筑用
槭树科	Aceraceae	色木槭	Acer mono	木材坚硬, 细致, 有光泽, 易加工, 可作为家具、乐器、仪器、车辆、建筑细木工用材
无患子科	Sapindaceae	栾树	Koelreuteria paniculata	木材黄白色, 易加工, 可制家具

续表

科名	科拉丁名	种名	种拉丁名	材质特点
椴树科	Tiliaceae	糠椴	Tilia mandshurica	木材纹理直，结构甚细而匀，重量轻，干缩小近中，强度低，冲击韧性中等
		蒙椴	Tilia mongolica	木材轻软，可作为家具、炊具用材
		紫椴	Tilia amurensis	材质非常好，是重要的用材树种，不易开裂，强度好，常用于做菜板
柿树科	Ebenaceae	黑枣	Diospyros lotus	材质优良，可作一般用材
		柿	Diospyros kaki	木材的边材含量大，收缩大，干燥困难，耐腐性不强，但致密质硬，强度大，韧性强
木犀科	Oleaceae	小叶白蜡树	Fraxinus bungeana	木材硬而致密，为制作家具的好材料
		大叶白蜡树	Fraxinus rhynchophylla	木材坚韧，纹理美丽而略粗，木材坚硬而有弹性，可作为车辆、农具用材
		白蜡树	Fraxinus chinensis	木材坚韧，可以制作家具、农具、车辆、胶合板等
玄参科	Scrophulariaceae	毛泡桐	Paulownia tomentosa	木材纹理通直，花纹美观，色泽悦目，材质轻软，密度低，不翘不裂，尺寸稳定，在天津可以广泛栽培

表 3-2　天津常见野生食用植物资源统计

科名	科拉丁名	种名	种拉丁名	食用部位
桦木科	Betulaceae	榛	*Corylus heterophylla*	果实
桑科	Moraceae	构树	*Broussonetia papyrifera*	果实
		桑	*Morus alba*	果实
藜科	Chenopodiaceae	藜	*Chenopodium album*	叶片和嫩茎
		灰绿藜	*Chenopodium glaucum*	叶片和嫩茎
		地肤	*Kochia scoparia*	叶片和嫩茎
苋科	Amaranthaceae	凹头苋	*Amaranthus blitum*	叶片和嫩茎
		苋	*Amaranthus tricolor*	叶片和嫩茎
马齿苋科	Portulacaceae	马齿苋	*Portulaca oleracea*	叶片和嫩茎
十字花科	Cruciferae	荠菜	*Capsella bursa-pastoris*	地上部分
虎耳草科	Saxifragaceae	东北茶藨子	*Ribes mandshuricum*	果实
蔷薇科	Rosaceae	山楂	*Crataegus pinnatifida*	果实
		山桃	*Amygdalus davidiana*	果实
		欧李	*Cerasus humilis*	果实
		山杏	*Armeniaca sibirica*	果实
		毛樱桃	*Cerasus tomentosa*	果实
		杜梨	*Pyrus betulifolia*	果实
		秋子梨	*Pyrus ussuriensis*	果实
		牛叠肚	*Rubus crataegifolius*	果实
豆科	Leguminosae	刺槐	*Robinia pseudoacacia*	花
芸香科	Rutaceae	崖椒	*Zanthoxylum schinifolium*	果实
楝科	Meliaceae	香椿	*Toona sinensis*	嫩芽和嫩叶
鼠李科	Rhamnaceae	酸枣	*Ziziphus jujuba* var. *spinosa*	果实
葡萄科	Vitaceae	乌头叶蛇葡萄	*Ampelopsis aconitifolia*	果实
		掌裂草葡萄	*Ampelopsis aconitifolia* var. *palmiloba*	果实
		葎叶蛇葡萄	*Ampelopsis humulifolia*	果实
		山葡萄	*Vitis amurensis*	果实
		毛葡萄	*Vitis heyneana*	果实
猕猴桃科	Actinidiaceae	软枣猕猴桃	*Actinidia arguta*	果实
		葛枣猕猴桃	*Actinidia polygama*	果实
五加科	Araliaceae	辽东楤木	*Aralia elata*	嫩芽和嫩叶
柿树科	Ebenaceae	黑枣	*Diospyros lotus*	果实
		柿	*Diospyros kaki*	果实
茄科	Solanaceae	枸杞	*Lycium chinense*	果实
		酸浆	*Physalis alkekengi* var. *franchetii*	果实

续表

科名	科拉丁名	种名	种拉丁名	食用部位
		小酸浆	*Physalis minima*	果实
		龙葵	*Solanum nigrum*	果实
桔梗科	Campanulaceae	桔梗	*Platycodon grandiflorus*	块根
菊科	Compositae	刺儿菜	*Cirsium setosum*	嫩芽和嫩叶
		东风菜	*Doellingeria scaber*	嫩叶
		泥胡菜	*Hemistepta lyrata*	嫩叶
		苦菜	*Ixeris chinensis*	嫩叶
		苦荬菜	*Ixeris polycephala*	嫩叶
		山莴苣	*Lagedium sibiricum*	嫩叶
		苦苣菜	*Sonchus oleraceus*	嫩叶
		蒲公英	*Taraxacum mongolicum*	嫩叶
百合科	Liliaceae	小根蒜	*Allium macrostemon*	整株
		野葱	*Allium chrysanthum*	整株
		山韭	*Allium senescens*	整株
		百合	*Lilium brownii*	鳞状茎
薯蓣科	Dioscoreaceae	薯蓣	*Dioscorea polystachya*	块茎

3. 药用植物资源

中草药为天然药物，具有作用广泛、副作用少、无耐药性等优点，作为我国传统的医学文化遗产及国宝，现已进入了新的发展时期。根据调查结果，天津常见药用植物共 74 科 256 种，其中有 66 种出现在本次自然群落资源综合调查的样地中，统计见表 3-3。

4. 蜜粉源植物资源

蜜粉源植物是指具有蜜腺且能分泌甜液或能产生花粉并能被蜜蜂采集利用的植物。大多数蜜源植物能产生花粉，粉源植物也能产生花蜜。以其对养蜂生产的价值，以产蜜为主的为蜜源植物，以产花粉为主的为粉源植物。两类植物对发展养蜂业和生产蜂蜜产品，均具有重要价值。天津常见蜜粉源植物和辅助蜜粉源植物共计 33 科 56 属 65 种，统计见表 3-4。

表 3-3　天津常见药用植物资源汇总

科名	科拉丁名	种名	种拉丁名	药用部位	药用名称
松科	Pinaceae	油松	*Pinus tabuliformis*	结节、叶、球果、花粉、树脂	松节、叶、球果、花粉、松粉
柏科	Cupressaceae	侧柏	*Platycladus orientalis*	枝、叶	柏叶
胡桃科	Juglandaceae	胡桃楸	*Juglans mandshurica*	树皮、果实	楸皮、核桃楸果
桦木科	Betulaceae	白桦	*Betula platyphylla*	树皮	桦木皮
榆科	Ulmaceae	榆树	*Ulmus pumila*	果实、树皮、叶、根	榆钱、榆树皮
桑科	Moraceae	构树	*Broussonetia papyrifera*	果实、树皮	楮实子
		葎草	*Humulus scandens*	全株	律草
		桑	*Morus alba*	叶、果实	桑叶、桑葚
马兜铃科	Aristolochiaceae	北马兜铃	*Aristolochia contorta*	果实、根	马兜铃、青木香
蓼科	Polygonaceae	萹蓄	*Polygonum aviculare*	地上部分	萹蓄
		杠板归	*Polygonum perfoliatum*	地上部分	杠板归
		刺蓼	*Polygonum senticosum*	全草	廊茵
		皱叶酸模	*Rumex crispus*	全草	皱叶酸模
藜科	Chenopodiaceae	灰绿藜	*Chenopodium glaucum*	全草	藜
		地肤	*Kochia scoparia*	种子	地肤子
		猪毛菜	*Salsola collina*	全草	猪毛菜
苋科	Amaranthaceae	白苋	*Amaranthus albus*	全草	野苋
		凹头苋	*Amaranthus blitum*	全草	野苋
		反枝苋	*Amaranthus retroflexus*	全草	反枝苋
		苋	*Amaranthus tricolor*	根、果实及全草	苋
马齿苋科	Portulacaceae	马齿苋	*Portulaca oleracea*	全草	马齿苋

续表

科名	科拉丁名	种名	种拉丁名	药用部位	药用名称
石竹科	Caryophyllaceae	狗筋蔓	*Silene baccifer*	全草	狗筋蔓
		石竹	*Dianthus chinensis*	根和全草	石竹
		瞿麦	*Dianthus superbus*	全草	瞿麦
		霞草	*Gypsophila oldhamiana*	根、茎	天胡荽
		繁缕	*Stellaria media*	茎、叶及种子	繁缕
毛茛科	Ranunculaceae	草乌	*Aconitum kusnezoffii*	块根	草乌
		楼斗菜	*Aquilegia viridiflora*	全草	楼斗菜
		兴安升麻	*Cimicifuga dahurica*	根状茎	升麻
		短尾铁线莲	*Clematis brevicaudata*	藤茎	短尾铁线莲
		大叶铁线莲	*Clematis heraclejfolia*	全草及根	大叶铁线莲
		棉团铁线莲	*Clematis hexapetala*	根及根状茎	威灵仙
		白头翁	*Pulsatilla chinensis*	根	白头翁
		茴茴蒜	*Ranunculus chinensis*	全草	茴茴蒜
		毛茛	*Ranunculus japonicus*	全草	毛茛
防己科	Menispermaceae	蝙蝠葛	*Menispermum dauricum*	根、茎	蝙蝠葛
木兰科	Magnoliaceae	五味子	*Schisandra chinensis*	种子	北五味子
罂粟科	Papaveraceae	白屈菜	*Chelidonium majus*	全草	白屈菜
		地丁草	*Corydalis bungeana*	全草	地丁草
		河北黄堇	*Corydalis pallida* var. *chanetii*	全草、根	黄堇
十字花科	Cruciferae	垂果南芥	*Arabis pendula*	果实	垂果南芥
		荠	*Capsella bursa-pastoris*	全草	荠菜
		欧洲菘蓝	*Isatis tinctoria*	根、叶	板蓝根、大青叶

续表

科名	科拉丁名	种名	种拉丁名	药用部位	药用名称
		独行菜	*Lepidium apetalum*	种子、地上部分	独行菜
景天科	Crassulaceae	瓦松	*Orostachys fimbriatus*	地上部分	瓦松
		钝叶瓦松	*Orostachys malacophylla*	地上部分	瓦松
		景天三七	*Phedimus aizoon*	叶或全草	景天三七
		景天	*Hylotelephium erythrostictum*	全草	景天
		垂盆草	*Sedum sarmentosum*	地上部分	垂盆草
虎耳草科	Saxifragaceae	落新妇	*Astilbe chinensis*	根状茎	落新妇
		太平花	*Philadelphus pekinensis*	根	太平花
		东北茶藨子	*Ribes mandshuricum*	根、种子	茶藨子
		虎耳草	*Saxifraga stolonifera*	全草	虎耳草
蔷薇科	Rosaceae	龙芽草	*Agrimonia pilosa*	全草	龙芽草
		山楂	*Crataegus pinnatifida*	果实	山楂
		蛇莓	*Duchesnea indica*	全草	蛇莓
		山荆子	*Malus baccata*	果实	山荆子
		楸子	*Malus prunifolia*	果实	楸子
		翻白草	*Potentilla discolor*	全草	翻白草
		山桃	*Amygdalus davidiana*	种子、根、皮、叶、树胶	桃叶、桃花、桃仁
		欧李	*Cerasus humilis*	果实	欧李
		山杏	*Armeniaca sibirica*	果实、种子	杏仁
		杜梨	*Pyrus betulifolia*	果实	杜梨
		牛叠肚	*Rubus crataegifolius*	果实	牛叠肚
		地榆	*Sanguisorba officinalis*	全草	地榆

续表

科名	科拉丁名	种名	种拉丁名	药用部位	药用名称
		山合欢	*Albizia kalkora*	树皮	合欢皮
		直立黄芪	*Astragalus adsurgens*	根	黄耆
		华黄耆	*Astragalus chinensis*	根	黄耆
		锦鸡儿	*Caragana sinica*	根、花	锦鸡儿
		野大豆	*Glycine soja*	种子	野大豆
		圆果甘草	*Glycyrrhiza squamulosa*	根、根茎	甘草
豆科	Leguminosae	甘草	*Glycyrrhiza uralensis*	根、根茎	甘草
		少花米口袋	*Gueldenstaedtia verna*	根茎	米口袋
		狭叶米口袋	*Gueldenstaedtia stenophylla*	根茎	米口袋
		胡枝子	*Lespedeza bicolor*	根、花	胡枝子
		草木犀	*Melilotus officinalis*	地上部分	省头草
		硬毛棘豆	*Oxytropis fetissovii*	地上部分	硬毛棘豆
		葛	*Pueraria lobata*	花、根	葛花、葛根
		苦参	*Sophora flavescens*	根	苦参
		刺槐	*Robinia pseudoacacia*	花	槐花
		歪头菜	*Vicia unijuga*	全草	歪头菜
酢浆草科	Oxalidaceae	酢浆草	*Oxalis corniculata*	地上部分	酢浆草
		牻牛儿苗	*Erodium stephanianum*	全草	老鹳草
牻牛儿苗科	Geraniaceae	鼠掌老鹳草	*Geranium sibiricum*	全草	老鹳草
		老鹳草	*Geranium wilfordii*	全草	老鹳草
蒺藜科	Zygophyllaceae	蒺藜	*Tribulus terrester*	果实	蒺藜
芸香科	Rutaceae	臭檀	*Evodia daniellii*	果实	臭檀

续表

科名	科拉丁名	种名	种拉丁名	药用部位	药用名称
芸香科	Rutaceae	黄檗	*Phellodendron amurense*	树皮	黄檗
		白鲜	*Dictamnus dasycarpus*	皮	白鲜皮
		崖椒	*Zanthoxylum schinifolium*	根、叶及果实	崖椒
苦木科	Simaroubaceae	臭椿	*Ailanthus altissima*	树皮、根皮、果实	臭椿
		苦树	*Picrasma quassioides*	枝、叶	苦木
楝科	Meliaceae	香椿	*Toona sinensis*	叶、树皮及根皮	香椿
远志科	Polygalaceae	西伯利亚远志	*Polygala sibirica*	根	远志
		远志	*Polygala tenuifolia*	根	远志
大戟科	Euphorbiaceae	铁苋菜	*Acalypha australis*	全草	铁苋菜
		雀儿舌头	*Leptopus chinensis*	根	雀儿舌头
		大戟	*Euphorbia pekinensis*	根	大戟
		叶下珠	*Phyllanthus urinaria*	果实	叶下珠
		一叶萩	*Flueggea suffruticosa*	叶、根	叶底珠
漆树科	Anacardiaceae	漆	*Toxicodendron vernicifluum*	汁液	干漆
卫矛科	Celastraceae	南蛇藤	*Celastrus orbiculatus*	根、藤、果、叶	南蛇藤
		卫矛	*Euonymus alatus*	果实	卫矛
无患子科	Sapindaceae	栾树	*Koelreuteria paniculata*	花	栾树花
鼠李科	Rhamnaceae	小叶鼠李	*Rhamnus parvifolia*	果实	小叶鼠李
		酸枣	*Ziziphus jujuba* var. *spinosa*	果实	酸枣
葡萄科	Vitaceae	乌头叶蛇葡萄	*Ampelopsis aconitifolia*	根皮	蛇葡萄
		掌裂草葡萄	*Ampelopsis aconitifolia* var. *palmiloba*	根皮	蛇葡萄
		葎叶蛇葡萄	*Ampelopsis humulifolia*	根皮	蛇葡萄

续表

科名	科拉丁名	种名	种拉丁名	药用部位	药用名称
葡萄科	Vitaceae	白敛	Ampelopsis japonica	块根	白敛
		爬山虎	Parthenocissus tricuspidata	根、茎	爬山虎
椴树科	Tiliaceae	田麻	Corchoropsis tomentosa	全草	田麻
		小花扁担杆	Crewia biloba var. parviflora	根、全株	扁担杆
		紫椴	Tilia amurensis	花	紫椴花
锦葵科	Malvaceae	苘麻	Abutilon theophrasti	种子	苘麻子
		冬葵	Malva verticillata	种子、根	冬葵子、冬葵根
猕猴桃科	Actinidiaceae	软枣猕猴桃	Actinidia arguta	果实	软枣子
		葛枣猕猴桃	Actinidia polygama	果实	葛枣子
柽柳科	Tamaricaceae	柽柳	Tamarix chinensis	枝、叶	柽柳
堇菜科	Violaceae	紫花地丁	Viola philippica	全草	紫花地丁
千屈菜科	Lythraceae	千屈菜	Lythrum salicaria	全草	千屈菜
五加科	Araliaceae	辽东楤木	Aralia elata	嫩芽、叶	辽东楤木
		食用土当归	Aralia cordata	根状茎	九眼独活
		刺楸	Kalopanax septemlobus	树皮	刺楸皮
伞形科	Umbelliferae	白芷	Angelica dahurica	根	白芷
		北柴胡	Bupleurum chinense	根	北柴胡
		狭叶柴胡	Bupleurum scorzoneriforlium	根	狭叶柴胡
		蛇床	Cnidium monnieri	种子	蛇床子
		石防风	Peucedanum terebinthaceum	根	石防风
		防风	Saposhnikovia divaricata	根	防风
报春花科	Primulaceae	点地梅	Androsace umbellata	全草	喉咙草

续表

科名	科拉丁名	种名	种拉丁名	药用部位	药用名称
报春花科	Primulaceae	狼尾花	Lysimachia barystachys	全草	狼尾花
柿树科	Ebenaceae	黑枣	Diospyros lotus	果实	黑枣
木犀科	Oleaceae	暴马丁香	Syringa reticulata var. mandshurica	全株	暴马丁香
夹竹桃科	Apocynaceae	罗布麻	Apocynum venetum	全株	罗布麻
萝藦科	Asclepiadaceae	白薇	Cynanchum atratum	根、根茎	白薇
		牛皮消	Cynanchum auriculatum	块根	牛皮消
		白首乌	Cynanchum bungei	块根	白首乌
		鹅绒藤	Cynanchum chinense	根、乳汁	鹅绒藤
		徐长卿	Cynanchum paniculatum	根、根茎	徐长卿
		萝藦	Metaplexis japonica	全草	萝藦
		杠柳	Periploca sepium	皮	杠柳皮
旋花科	Convolvulaceae	打碗花	Calystegia hederacea	根状茎、花	打碗花
		菟丝子	Cuscuta chinensis	全草	菟丝子
		金灯藤	Cuscuta japonica	全草	金灯藤
		牵牛	Pharbitis nil	种子	牵牛子
紫草科	Boraginaceae	斑种草	Bothriospermum chinense	种子	斑种草
		附地菜	Trigonotis peduncularis	全草	附地菜
马鞭草科	Verbenaceae	荆条	Vitex negundo var. heterophylla	叶、根、茎	荆条
唇形科	Labiatae	藿香	Agastache rugosa	全草	藿香
		夏至草	Lagopsis supina	全草	夏至草
		益母草	Leonurus japonicus	全草	益母草
		地笋	Lycopus lucidus	全草	地笋

续表

科名	科拉丁名	种名	种拉丁名	药用部位	药用名称
唇形科	Labiatae	薄荷	*Mentha haplocalyx*	全草	薄荷
		紫苏	*Perilla frutescens*	全草	紫苏
		糙苏	*Phlomis umbrosa*	全草	糙苏
		蓝萼香茶菜	*Rabdosia japonica* var. *glaucocalyx*	全草	蓝萼香茶菜
		丹参	*Salvia miltiorrhiza*	根、根茎	丹参
		黄芩	*Scutellaria baicalensis*	根	黄芩
		京黄芩	*Scutellaria pekinensis*	根	北京黄芩
茄科	Solanaceae	曼陀罗	*Datura stramonium*	花	曼陀罗
		枸杞	*Lycium chinense*	果实	枸杞
玄参科	Scrophulariaceae	通泉草	*Mazus japonicus*	全株	通泉草
		毛泡桐	*Paulownia tomentosa*	叶、花、木材	泡桐
		阴行草	*Siphonostegia chinensis*	全草	阴行草
紫葳科	Bignoniaceae	角蒿	*Incarvillea sinensis*	全草	角蒿
列当科	Orobanchaceae	黄花列当	*Orobanche pycnostachya*	全草	黄花列当
		列当	*Orobanche coerulescens*	全草	列当
苦苣苔科	Gesneriaceae	牛耳草	*Boea hygrometrica*	全草	牛耳草
透骨草科	Phrymaceae	透骨草	*Phryma leptostachya* var. *asiatica*	全草	透骨草
车前草科	Plantaginaceae	车前	*Plantago asiatica*	全草	车前
茜草科	Rubiaceae	茜草	*Rubia cordifolia*	全草	茜草
忍冬科	Caprifoliaceae	忍冬	*Lonicera japonica*	花	忍冬
		金银忍冬	*Lonicera maackii*	花、叶	金银忍冬
		接骨木	*Sambucus williamsii*	茎枝、花	接骨木

续表

科名	科拉丁名	种名	种拉丁名	药用部位	药用名称
败酱科	Valerianaceae	异叶败酱	Patrinia heterophylla	根、全草	脚汗草
葫芦科	Cucurbitaceae	栝楼	Trichosanthes kirilowii	果实	栝楼
		展枝沙参	Adenophora divaricata	根、根茎	沙参
		石沙参	Adenophora polyantha	根、根茎	石沙参
		茅苨	Adenophora trachelioides	根、根茎	荠苨
桔梗科	Campanulaceae	多歧沙参	Adenophora wawreana	根、根茎	沙参
		轮叶沙参	Adenophora tetraphylla	根、根茎	沙参
		羊乳	Codonopsis lanceolata	根、根茎	羊乳
		桔梗	Platycodon grandiflorus	根、根茎	桔梗
		牛蒡	Arctium lappa	全草	牛蒡
		黄花蒿	Artemisia annua	全草	黄花蒿
		青蒿	Artemisia carvifolia	全草	青蒿
		艾蒿	Artemisia argyi	全草	艾蒿
		茵陈蒿	Artemisia capillaris	全草	茵陈蒿
		野艾蒿	Artemisia lavandulaefolia	全草	野艾蒿
菊科	Compositae	蒙蒿	Artemisia mongolica	全草	蒙蒿
		猪毛蒿	Artemisia scoparia	全草	猪毛蒿
		大籽蒿	Artemisia sieversiana	全草	大籽蒿
		三脉紫菀	Aster ageratoides	全草	三脉马兰
		紫菀	Aster tataricus	全草	紫菀
		苍术	Atractylodes lancea	根状茎	北苍术
		鬼针草	Bidens bipinnata	全草	鬼针草

续表

科名	科拉丁名	种名	种拉丁名	药用部位	药用名称
菊科	Compositae	飞廉	Carduus crispus	全草	飞廉
		金挖耳	Carpesium divaricatum	全草	金挖耳
		刺儿菜	Cirsium setosum	全草	刺儿菜
		东风菜	Doellingeria scaber	全草	东风菜
		鳢肠	Eclipta prostrata	全草	鳢肠
		林泽兰	Eupatorium lindleyanum	全草	泽兰
		泥胡菜	Hemistepta lyrata	全草	泥胡菜
		旋覆花	Inula japonica	花	金钱花
		中华苦荬菜	Ixeris chinensis	全草	苦菜
		苦荬菜	Ixeris polycephala	全草	苦荬菜
		抱茎小苦荬	Ixeridium sonchifolium	全草	抱茎苦荬菜
		山鸡儿肠	Kalimeris lautureana	全草	山鸡儿肠
		全叶马兰	Kalimeris integrifolia	全草、根	马兰
		山莴苣	Lactuca indica	全草	山莴苣
		桃叶鸦葱	Scorzonera sinensis	根	鸦葱
		华北鸦葱	Scorzonera albicaulis	根	鸦葱
		毛梗豨莶	Siegesbeckia pubescens	全草	毛梗莶
		苣荬菜	Sonchus wightianus	全草	苣荬菜
		苦苣菜	Sonchus oleraceus	全草	苦苣菜
		兔儿伞	Syneilesis aconitifolia	全草	兔儿伞
		蒲公英	Taraxacum mongolicum	全草	蒲公英
		苍耳	Xanthium sibiricum	种子	苍耳

续表

科名	科拉丁名	种名	种拉丁名	药用部位	药用名称
香蒲科	Typhaceae	狭叶香蒲	*Typha angustifolia*	花粉	狭叶香蒲
泽泻科	Alismataceae	东方泽泻	*Alisma orientale*	块茎	泽泻
水鳖科	Hydrocharitaceae	水鳖	*Hydrocharis dubia*	全草	水鳖
		苦草	*Vallisneria natans*	全草	苦草
禾本科	Gramineae	毛秆野古草	*Arundinella hirta*	全草	野古草
		马唐	*Digitaria sanguinalis*	全草	马唐
		蟋蟀草	*Eleusine indica*	全草	蟋蟀草
		小画眉草	*Eragrostis minor*	全草	画眉草
		臭草	*Melica scabrosa*	全草	臭草
		芦苇	*Phragmites australis*	全草	芦苇
		黄背草	*Themeda triandra var. japonica*	全草	黄青草
莎草科	Cyperaceae	扁秆藨草	*Scirpus planiculmis*	全草	扁秆藨草
		藨草	*Scirpus triqueter*	全草	藨草
		水葱	*Scirpus validus*	全草	水葱
		荆三棱	*Scirpus yagara*	全草	荆三棱
天南星科	Araceae	菖蒲	*Acorus calamus*	全草	菖蒲
		东北南星	*Arisaema amurense*	块茎	东北天南星
		半夏	*Pinellia ternata*	块茎	半夏
鸭跖草科	Commelinaceae	鸭跖草	*Commelina communis*	全草	鸭跖草
百合科	Liliaceae	小根蒜	*Allium macrostemon*	全草	小根蒜
		山韭	*Allium senescens*	全草	山韭
		知母	*Anemarrhena asphodeloides*	根状茎	知母

续表

科名	科拉丁名	种名	种拉丁名	药用部位	药用名称
		兴安天门冬	*Asparagus dauricus*	块根	天门冬
		雉隐天冬	*Asparagus schoberioides*	块根	天门冬
		曲枝天门冬	*Asparagus trichophyllus*	块根	天门冬
		铃兰	*Convallaria majalis*	叶、茎或全草	铃兰
		小黄花菜	*Hemerocallis minor*	根	萱草
百合科	Liliaceae	野百合	*Lilium brownii*	鳞叶	百合
		玉竹	*Polygonatum odoratum*	根茎	玉竹
		黄精	*Polygonatum sibiricum*	根茎	黄精
		绵枣儿	*Scilla scilloides*	鳞茎	绵枣儿
		鹿药	*Smilacina japonica*	根状茎	鹿药
		藜芦	*Veratrum nigrum*	根茎	藜芦
薯蓣科	Dioscoreaceae	穿龙薯蓣	*Dioscorea nipponica*	根茎	穿山龙
		薯蓣	*Dioscorea opposita*	块根	山药
鸢尾科	Iridaceae	射干	*Belamcanda chinensis*	根状茎	射干
		马蔺	*Iris lactea*	根、叶、花与种子	马蔺花、马蔺子

表 3-4　天津常见蜜粉源植物和辅助蜜粉源植物

种名	拉丁名	开花时节	所属类别
侧柏	*Platycladus orientalis*	春季	辅助蜜粉源植物
白桦	*Betula platyphylla*	春季	辅助蜜粉源植物
鹅耳枥	*Carpinus turczaninowii*	夏季	辅助蜜粉源植物
榛	*Corylus heterophylla*	春季	辅助蜜粉源植物
麻栎	*Quercus acutissima*	春季	辅助蜜粉源植物
榆	*Ulmus pumila*	春季	主要粉源植物
构树	*Broussonetia papyrifera*	夏季	辅助蜜粉源植物
葎草	*Humulus scandens*	夏季	辅助蜜粉源植物
桑	*Morus alba*	夏季	辅助蜜粉源植物
水蓼	*Polygonum hydropiper*	夏季	辅助蜜粉源植物
红蓼	*Polygonum orientale*	夏季	辅助蜜粉源植物
苋	*Amaranthus tricolor*	夏季	辅助蜜粉源植物
马齿苋	*Portulaca oleracea*	夏季	辅助蜜粉源植物
兴安升麻	*Cimicifuga dahurica*	夏季	辅助蜜粉源植物
荠	*Capsella bursa-pastoris*	春季	辅助蜜粉源植物
瓦松	*Orostachys fimbriatus*	夏季	辅助蜜粉源植物
大花溲疏	*Deutzia grandiflora*	春季	辅助蜜粉源植物
山楂	*Crataegus pinnatifida*	夏季	主要粉源植物
蛇莓	*Duchesnea indica*	夏季	辅助蜜粉源植物
山荆子	*Malus baccata*	夏季	辅助蜜粉源植物
山桃	*Amygdalus davidiana*	春季	辅助蜜粉源植物
稠李	*Padus racemosa*	夏季	辅助蜜粉源植物
山杏	*Armeniaca sibirica*	春季	辅助蜜粉源植物
毛樱桃	*Cerasus tomentosa*	春季	辅助蜜粉源植物
紫穗槐	*Amorpha fruticosa*	夏季	主要粉源植物
斜茎黄耆	*Astragalus adsurgens*	夏季	辅助蜜粉源植物
草木樨状黄耆	*Astragalus melilotoides*	夏季	辅助蜜粉源植物
锦鸡儿	*Caragana sinica*	春季	辅助蜜粉源植物
苦参	*Sophora flavescens*	夏季	辅助蜜粉源植物
刺槐	*Robinia pseudoacacia*	夏季	主要蜜源植物
臭檀	*Evodia daniellii*	夏季	辅助蜜粉源植物
臭椿	*Ailanthus altissima*	春季	辅助蜜粉源植物
漆	*Toxicodendron vernicifluum*	夏季	辅助蜜粉源植物
栾树	*Koelreuteria paniculata*	夏季	辅助蜜粉源植物
酸枣	*Ziziphus jujuba var. spinosa*	夏季	主要蜜源植物

续表

种名	拉丁名	开花时节	所属类别
糠椴	*Tilia mandshurica*	夏季	辅助蜜粉源植物
蒙椴	*Tilia mongolica*	夏季	辅助蜜粉源植物
紫椴	*Tilia amurensis*	夏季	主要蜜源植物
刺楸	*Kalopanax septemlobus*	夏季	辅助蜜粉源植物
防风	*Saposhnikovia divaricata*	夏季	辅助蜜粉源植物
黑枣	*Diospyros lotus*	春季	辅助蜜粉源植物
柿	*Diospyros kaki*	夏季	主要蜜源植物
田旋花	*Convolvulus arvensis*	夏季	辅助蜜粉源植物
菟丝子	*Cuscuta chinensis*	夏季	辅助蜜粉源植物
荆条	*Vitex negundo* var. *heterophylla*	夏季	主要蜜源植物
夏至草	*Lagopsis supina*	春季	辅助蜜粉源植物
益母草	*Leonurus japonicus*	夏季	辅助蜜粉源植物
紫苏	*Perilla frutescens*	夏季	辅助蜜粉源植物
蓝萼香茶菜	*Rabdosia japonica* var. *glaucocalyx*	夏季	辅助蜜粉源植物
荔枝草	*Salvia plebeia*	夏季	辅助蜜粉源植物
枸杞	*Lycium chinense*	夏季	辅助蜜粉源植物
毛泡桐	*Paulownia tomentosa*	夏季	主要蜜源植物
车前	*Plantago asiatica*	秋季	辅助蜜粉源植物
忍冬	*Lonicera japonica*	春季	辅助蜜粉源植物
金银忍冬	*Lonicera maackii*	夏季	辅助蜜粉源植物
牛蒡	*Arctium lappa*	夏季	辅助蜜粉源植物
莳萝蒿	*Artemisia anethoides*	夏季	辅助蜜粉源植物
黄花蒿	*Artemisia annua*	夏季	辅助蜜粉源植物
鬼针草	*Bidens bipinnata*	夏季	辅助蜜粉源植物
林泽兰	*Eupatorium lindleyanum*	夏季	辅助蜜粉源植物
旋覆花	*Inula japonica*	夏季	辅助蜜粉源植物
苣荬菜	*Sonchus wightianus*	夏季	辅助蜜粉源植物
蒲公英	*Taraxacum mongolicum*	夏季	主要粉源植物
绵枣儿	*Scilla scilloides*	秋季	辅助蜜粉源植物
马蔺	*Iris lacteal* var. *chinensis*	夏季	辅助蜜粉源植物

5. 野生观赏植物资源

野生观赏植物是指供人类观赏的，又对环境有着绿化作用的一类植物，它是大自然的精华，是人类在改造大自然过程中发现的具有观赏价值的植物资源。野生观赏植物具有丰富多彩的株型，鲜艳夺目的果实能使人赏心悦目，丰富人类的生活，美化人们的环境。随着社会的发展，美好的环境已经成为人们的迫切需求，人们对具有较高观赏价值的植物的需求越来越多。据调查，初步确定天津地区（或归化）具有观赏价值的野生植物有 51 科 174 种，其统计见表 3-5。

表 3-5　天津主要野生观赏植物资源统计

科名	科拉丁名	种名	种拉丁名	生活型
蓼科	Polygonaceae	萹蓄	*Polygonum aviculare*	多年生草本
马齿苋科	Portulacaceae	马齿苋	*Portulaca oleracea*	多年生草本
石竹科	Caryophyllaceae	石竹	*Dianthus chinensis*	多年生草本
		霞草	*Gypsophila oldhamiana*	多年生草本
		女娄菜	*Silene aprica*	多年生草本
		粗壮女娄菜	*Silene firma*	多年生草本
		繁缕	*Stellaria media*	多年生草本
毛茛科	Ranunculaceae	草乌	*Aconitum kusnezoffii*	多年生草本
		耧斗菜	*Aquilegia viridiflora*	多年生草本
		华北耧斗菜	*Aquilegia yabeana*	多年生草本
		短尾铁线莲	*Clematis brevicaudata*	多年生草本
		大叶铁线莲	*Clematis heracleifolia*	多年生草本
		棉团铁线莲	*Clematis hexapetala*	多年生草本
		羽叶铁线莲	*Clematis pinnata*	多年生草本
		白头翁	*Pulsatilla chinensis*	多年生草本
		展枝唐松草	*Thalictrum squarrosum*	多年生草本
防己科	Menispermaceae	蝙蝠葛	*Menispermum dauricum*	藤本
罂粟科	Papaveraceae	白屈菜	*Chelidonium majus*	多年生草本
		地丁草	*Corydalis bungeana*	多年生草本
景天科	Crassulaceae	瓦松	*Orostachys fimbriatus*	多年生草本
		钝叶瓦松	*Orostachys malacophylla*	多年生草本
		景天三七	*Phedimus aizoon*	多年生草本
		景天	*Hylotelephium erythrostictum*	多年生草本
		垂盆草	*Sedum sarmentosum*	多年生草本
虎耳草科	Saxifragaceae	大花溲疏	*Deutzia grandiflora*	灌木
		小花溲疏	*Deutzia parviflora*	灌木
		东陵八仙花	*Hydrangea bretschneideri*	灌木
		太平花	*Philadelphus pekinensis*	灌木
		东北茶藨子	*Ribes mandshuricum*	灌木
蔷薇科	Rosaceae	山楂	*Crataegus pinnatifida*	小乔木

续表

科名	科拉丁名	种名	种拉丁名	生活型
蔷薇科	Rosaceae	蛇莓	*Duchesnea indica*	多年生草本
		山荆子	*Malus baccata*	小乔木
		委陵菜	*Potentilla chinensis*	多年生草本
		翻白草	*Potentilla discolor*	多年生草本
		山樱花	*Prunus serrulata*	乔木
		山桃	*Amygdalus davidiana*	小乔木
		欧李	*Cerasus humilis*	灌木
		稠李	*Padus racemosa*	小乔木
		毛樱桃	*Cerasus tomentosa*	乔木
		杜梨	*Pyrus betulifolia*	乔木
		地榆	*Sanguisorba officinalis*	多年生草本
		三裂绣线菊	*Spiraea trilobata*	灌木
豆科	Leguminosae	山合欢	*Albizia kalkora*	乔木
		紫穗槐	*Amorpha fruticosa*	灌木
		树锦鸡儿	*Caragana arborescens*	灌木
		小叶锦鸡儿	*Caragana microphylla*	灌木
		红花锦鸡儿	*Caragana rosea*	灌木
		锦鸡儿	*Caragana sinica*	灌木
		圆果甘草	*Glycyrrhiza squamulosa*	灌木
		甘草	*Glycyrrhiza uralensis*	灌木
		米口袋	*Gueldenstaedtia verna*	多年生草本
		狭叶米口袋	*Gueldenstaedtia stenophylla*	多年生草本
		花木蓝	*Indigofera kirilowii*	灌木
		苦参	*Sophora flavescens*	多年生半灌木
		刺槐	*Robinia pseudoacacia*	乔木
		歪头菜	*Vicia unijuga*	多年生草本
酢浆草科	Oxalidaceae	酢浆草	*Oxalis corniculata*	多年生草本
牻牛儿苗科	Geraniaceae	牻牛儿苗	*Erodium stephanianum*	多年生草本
		鼠掌老鹳草	*Geranium sibiricum*	多年生草本
		老鹳草	*Geranium wilfordii*	多年生草本
芸香科	Rutaceae	臭檀	*Evodia daniellii*	乔木
		白鲜	*Dictamnus dasycarpus*	多年生草本
		崖椒	*Zanthoxylum schinifolium*	乔木
苦木科	Simaroubaceae	臭椿	*Ailanthus altissima*	乔木
		苦木	*Picrasma quassioides*	乔木

续表

科名	科拉丁名	种名	种拉丁名	生活型
楝科	Meliaceae	香椿	*Toona sinensis*	乔木
漆树科	Anacardiaceae	漆	*Toxicodendron vernicifluum*	乔木
		火炬树	*Rhus typhina*	乔木
卫矛科	Celastraceae	南蛇藤	*Celastrus orbiculatus*	藤状灌木
		卫矛	*Euonymus alatus*	乔木
槭树科	Aceraceae	葛萝槭	*Acer grosseri*	乔木
		色木槭	*Acer mono*	乔木
		鸡爪槭	*Acer palmatum*	乔木
		元宝槭	*Acer truncatum*	乔木
无患子科	Sapindaceae	栾树	*Koelreuteria paniculata*	乔木
葡萄科	Vitaceae	乌头叶蛇葡萄	*Ampelopsis aconitifolia*	藤本
		掌裂草葡萄	*Ampelopsis aconitifolia* var. *palmiloba*	藤本
		葎叶蛇葡萄	*Ampelopsis humulifolia*	藤本
		白蔹	*Ampelopsis japonica*	藤本
		五叶地锦	*Parthenocissus quinquefolia*	藤本
		爬山虎	*Parthenocissus tricuspidata*	藤本
		山葡萄	*Vitis amurensis*	藤本
		毛葡萄	*Vitis heyneana*	藤本
猕猴桃科	Actinidiaceae	软枣猕猴桃	*Actinidia arguta*	藤本
		葛枣猕猴桃	*Actinidia polygama*	藤本
藤黄科	Guttiferae	金丝桃	*Hypericum monogynum*	半灌木
柽柳科	Tamaricaceae	柽柳	*Tamarix chinensis*	灌木
堇菜科	Violaceae	紫花地丁	*Viola philippica*	多年生草本
秋海棠科	Begoniaceae	中华秋海棠	*Begonia grandis*	多年生草本
山茱萸科	Cornaceae	沙梾	*Cornus bretschneideri*	乔木
杜鹃花科	Ericaceae	照山白	*Rhododendron micranthum*	灌木
		迎红杜鹃	*Rhododendron mucronulatum*	灌木
报春花科	Primulaceae	点地梅	*Androsace umbellata*	1 年或 2 年生草本
柿树科	Ebenaceae	黑枣	*Diospyros lotus*	乔木
		柿	*Diospyros kaki*	乔木
木犀科	Oleaceae	小叶梣	*Fraxinus bungeana*	乔木
		大叶白蜡树	*Fraxinus rhynchophylla*	乔木
		白蜡树	*Fraxinus chinensis*	乔木
		北京丁香	*Syringa pekinensis*	灌木
		花叶丁香	*Syringa* × *persica*	灌木

续表

科名	科拉丁名	种名	种拉丁名	生活型
木犀科	Oleaceae	暴马丁香	*Syringa reticulata* var. *amurensis*	乔木
		雪柳	*Fontanesia fortunei*	灌木
夹竹桃科	Apocynaceae	罗布麻	*Apocynum venetum*	半灌木
萝藦科	Asclepiadaceae	鹅绒藤	*Cynanchum chinense*	藤本
		萝藦	*Metaplexis japonica*	藤本
		杠柳	*Periploca sepium*	藤本
旋花科	Convolvulaceae	打碗花	*Calystegia hederacea*	藤本
		藤长苗	*Calystegia pellita*	藤本
		田旋花	*Convolvulus arvensis*	藤本
		菟丝子	*Cuscuta chinensis*	藤本
		金灯藤	*Cuscuta japonica*	藤本
		牵牛	*Pharbitis nil*	藤本
		圆叶牵牛	*Pharbitis purpurea*	藤本
马鞭草科	Verbenaceae	荆条	*Vitex negundo* var. *heterophylla*	灌木
唇形科	Labiatae	藿香	*Agastache rugosa*	多年生草本
		益母草	*Leonurus japonicus*	1 年或 2 年生草本
		大花益母草	*Leonurus macranthus*	1 年或 2 年生草本
		细叶益母草	*Leonurus sibiricus*	1 年或 2 年生草本
		薄荷	*Mentha haplocalyx*	多年生草本
		丹参	*Salvia miltiorrhiza*	多年生草本
茄科	Solanaceae	枸杞	*Lycium chinense*	灌木
紫葳科	Bignoniaceae	角蒿	*Incarvillea sinensis*	1 年或多年生草本
车前科	Plantaginaceae	车前	*Plantago asiatica*	多年生草本
		平车前	*Plantago depressa*	多年生草本
茜草科	Rubiaceae	薄皮木	*Leptodermis oblonga*	灌木
忍冬科	Caprifoliaceae	六道木	*Abelia biflora*	灌木
		忍冬	*Lonicera japonica*	灌木
		金银忍冬	*Lonicera maackii*	灌木
		接骨木	*Sambucus williamsii*	灌木
		白雪果	*Symphoricarpos albus*	灌木
		锦带花	*Weigela florida*	灌木
败酱科	Valerianaceae	异叶败酱	*Patrinia heterophylla*	多年生草本
桔梗科	Campanulaceae	桔梗	*Platycodon grandiflorus*	多年生草本
菊科	Compositae	紫菀	*Aster tataricus*	多年生草本
		苍术	*Atractylodes lancea*	多年生草本

续表

科名	科拉丁名	种名	种拉丁名	生活型
菊科	Compositae	甘菊	*Dendranthema lavandulifolium*	多年生草本
		阿尔泰狗娃花	*Heteropappus altaicus*	多年生草本
		旋覆花	*Inula japonica*	多年生草本
		苦菜	*Ixeris chinensis*	多年生草本
		桃叶鸦葱	*Scorzonera sinensis*	多年生草本
		蒲公英	*Taraxacum mongolicum*	多年生草本
		多花百日菊	*Zinnia peruviana*	多年生草本
		林泽兰	*Eupatorium lindleyanum*	多年生草本
香蒲科	Typhaceae	狭叶香蒲	*Typha angustifolia*	多年生草本
		小香蒲	*Typha minima*	多年生草本
泽泻科	Alismataceae	东方泽泻	*Alisma orientale*	多年生草本
		野慈姑	*Sagittaria trifolia*	多年生草本
禾本科	Gramineae	大油芒	*Spodiopogon sibiricus*	多年生草本
		长芒草	*Stipa bungeana*	多年生草本
		黄背草	*Themeda triandra* var. *japonica*	多年生草本
		狼尾草	*Pennisetum alopecuroides*	多年生草本
莎草科	Cyperaceae	荆三棱	*Scirpus yagara*	多年生草本
天南星科	Araceae	菖蒲	*Acorus calamus*	多年生草本
		东北南星	*Arisaema amurense*	多年生草本
		半夏	*Pinellia ternata*	多年生草本
鸭跖草科	Commelinaceae	鸭跖草	*Commelina communis*	多年生草本
		竹叶子	*Streptolirion volubile*	多年生草本
百合科	Liliaceae	小根蒜	*Allium macrostemon*	多年生草本
		山韭	*Allium senescens*	多年生草本
		兴安天门冬	*Asparagus dauricus*	多年生草本
		铃兰	*Convallaria majalis*	多年生草本
		黄花萱草	*Hemerocallis fulva*	多年生草本
		小黄花菜	*Hemerocallis minor*	多年生草本
		野百合	*Lilium brownii*	多年生草本
		小玉竹	*Polygonatum humile*	多年生草本
		玉竹	*Polygonatum odoratum*	多年生草本
		黄精	*Polygonatum sibiricum*	多年生草本
		绵枣儿	*Scilla scilloides*	多年生草本
		鹿药	*Smilacina japonica*	多年生草本
		藜芦	*Veratrum nigrum*	多年生草本

续表

科名	科拉丁名	种名	种拉丁名	生活型
鸢尾科	Iridaceae	射干	*Belamcanda chinensis*	多年生草本
		野鸢尾	*Iris dichotoma*	多年生草本
		马蔺	*Iris lactea*	多年生草本
		矮紫苞鸢尾	*Iris ruthenica*	多年生草本

6. 香料植物资源

香料植物是指含有芳香油的一类植物。芳香油又称精油或挥发油，它与植物油不同，是由倍半萜烯、萜烯、芳香族、脂肪族和脂环族等多种有机化合物组成的混合物。这些挥发性物质大多具有发香团，因而具有香味。香料植物指可以从植物体内提取芳香物质的植物。现在香料被广泛用于化妆品、食品及医药等工业中，并有日益扩大的趋势。在纺织、造纸、橡胶、塑料、畜牧、环境卫生等方面也有涉及。天津主要香料植物资源以唇形科和菊科蒿属植物为主，共计 3 科 10 种，见表 3-6。

表 3-6 天津主要香料植物资源统计

科名	科拉丁名	种名	种拉丁名	生活型
唇形科	Labiatae	藿香	*Agastache rugosa*	多年生草本
		薄荷	*Mentha haplocalyx*	多年生草本
		紫苏	*Perilla frutescens*	一年生草本
		糙苏	*Phlomis umbrosa*	多年生草本
菊科	Compositae	黄花蒿	*Artemisia annua*	一年生草本
		青蒿	*Artemisia carvifolia*	一年生草本
		艾蒿	*Artemisia argyi*	多年生草本
		茵陈蒿	*Artemisia capillaris*	多年生草本
		野艾蒿	*Artemisia lavandulaefolia*	多年生草本
百合科	Liliaceae	山韭	*Allium senescens*	多年生草本

7. 纤维植物资源

植物纤维是指普遍存在于植物体内的一种机械组织。它的存在可使植物体具有韧性和弹性。植物之所以能够坚固地生长，并使叶子伸展，接触空气和阳光，进行正常的生长发育，这种机械组织起着重要作用。纤维植物的木质部、茎皮、叶等器官或组织纤维发达，可以用来制麻、编织或加工成为纺织、造纸的原料。天津主要纤维植物共计 8 科 17 种，见表 3-7。

表 3-7　天津主要纤维植物统计

科名	科拉丁名	种名	种拉丁名	主要提取纤维部位
榆科	Ulmaceae	榆	*Ulmus pumila*	树皮
桑科	Moraceae	构树	*Broussonetia papyrifera*	树皮
		桑	*Morus alba*	树皮
亚麻科	Linaceae	野亚麻	*Linum stelleroides*	茎皮
夹竹桃科	Apocynaceae	罗布麻	*Apocynum venetum*	茎皮
椴树科	Tiliaceae	光果田麻	*Corchoropsis psilocarpa*	茎皮
		田麻	*Corchoropsis tomentosa*	茎皮
		扁担杆	*Crewia biloba* var. *parviflora*	树皮
锦葵科	Malvaceae	苘麻	*Abutilon theophrasti*	茎皮
马鞭草科	Verbenaceae	荆条	*Vitex negundo* var. *heterophylla*	茎
禾本科	Gramineae	獐毛	*Aeluropus littoralis* var. *sinensis*	茎
		羊草	*Leymus chinensis*	整株
		荩草	*Arthraxon hispidus*	整株
		野古草	*Arundinella hirta*	整株
		茵草	*Beckmannia syzigachne*	整株
		白羊草	*Bothriochloa ischaemum*	整株
		芦苇	*Phragmites australis*	整株

8. 油料淀粉植物资源

油料淀粉植物通常指植物的果实、种子、花粉、孢子、茎、叶、根等器官含有较多油脂或淀粉的一类植物。随着人们对环境保护意识的增强和健康养生理念的转变，绿色食品和可再生能源的开发利用将具有较大的发展前景。天津主要油料淀粉植物丰富，共计 5 科 11 种，统计见表 3-8。

表 3-8　天津主要油料淀粉植物资源

科名	科拉丁名	种名	种拉丁名	含油或淀粉部位
胡桃科	Juglandaceae	胡桃楸	*Juglans mandshurica*	果实
桦木科	Betulaceae	榛	*Corylus heterophylla*	果实
壳斗科	Fagaceae	麻栎	*Quercus acutissima*	果实
		槲栎	*Quercus aliena*	果实

续表

科名	科拉丁名	种名	种拉丁名	含油或淀粉部位
壳斗科	Fagaceae	槲树	*Quercus dentata*	果实
		蒙古栎	*Quercus mongolica*	果实
		栓皮栎	*Quercus variabilis*	果实
芸香科	Rutaceae	崖椒	*Zanthoxylum schinifolium*	果实
十字花科	Cruciferae	球果蔊菜	*Rorippa globosa*	果实
		沼生蔊菜	*Rorippa islandica*	果实

第三节　植物资源的保护与利用

一、天津的全国重点保护植物资源

1999 年颁布实施的《国家重点保护野生植物名录（第一批）》中，天津分布的胡桃楸（*Juglans mandshurica*）为一般性重点保护对象、紫椴（*Tilia amurensis*）、黄檗（*Phellodendron amurense*）和野大豆（*Glycine soja*）均是国家二级重点保护野生植物。

1）胡桃楸

野生胡桃楸分布在蓟州山地，在八仙山国家级自然保护区及下营镇山地集中分布，盘山、梨木台、九龙山、九山顶也有大量分布。胡桃楸可以成纯林呈单优群落，或有时与其他树种混生，形成混交林。植株普遍长势良好，胸径范围为 0.6～53.8cm，高度范围为 0.9～22m，林下更新层发育良好。

胡桃楸种群年龄结构分析表明，胡桃楸种群正在扩大，从幼苗到成株呈现增长型种群。另外，天津山区分布的胡桃楸种群多样性丰富，其叶片、果核性状分析表明，该地区胡桃楸种群中有很多具有野核桃的特征。该地区胡桃楸性状变异较大，反映出该地胡桃楸种群遗传多样性丰富，相关研究正在进行。

2）紫椴

紫椴均为野生，主要分布在蓟州山地，其中八仙山国家级自然保护区为紫椴集中分布区。紫椴常与其他树种，如栓皮栎、蒙古栎、槲栎等形成混交林，大部分紫椴散生于各种群落中，而并非优势种。紫椴主要分布于海拔 500m 以上的山地（主要为人为干扰较小的深山地带）。紫椴的胸径范围为 3～43.6cm，树高 1.9～

16m，长势良好，不同样地中种群的径级结构和个体数量存在较明显的差异。紫椴种群年龄结构分析表明，紫椴种群成树多，老树最少，幼苗的补给少，此阶段正值成树的生长期，应对其做好保护，给幼苗定植提供合适的空间和生境。紫椴种群发育稳定，但需保护好幼苗，防止种群退化现象的发生。

3）黄檗

黄檗均为野生零星分布，分布范围以八仙山国家级自然保护区为主，种群数量较小，且黄檗均不为所在群落的优势种。其植株胸径范围为 1.6～38.2cm，树高2.1～18m，所有黄檗植株均长势很好，但是有些黄檗植株被南蛇藤、葎叶蛇葡萄、软枣猕猴桃等植物缠绕时，其长势可能会变差，其生长发育会受到影响。

黄檗成为国家重点保护植物的原因是多方面的，一方面黄檗的树皮有重要的药用价值，早期的浅山区，由于人为破坏，造成一些黄檗植株的死亡；另一方面，黄檗繁殖的方式比较特殊，主要靠种子繁殖，种子到幼苗发育阶段需要充足的光照条件，而黄檗母树生长环境常常比较阴暗，不利于幼苗更新发育。另外，黄檗靠鸟类来传播种子，并且只能在远离母树的其他地方繁殖，鸟类的活动成为限制黄檗更新的重要因素。在黄檗更新过程中，其与其他种，如槲栎、栓皮栎、蒙古栎、胡桃楸等存在竞争关系，这些均不利于黄檗种群的发展。从对黄檗种群径级结构的分析来看，黄檗的种群为金字塔形，成树的数量最多，正值种群繁衍幼苗的旺盛期，老树所占的比例最小。此期间应重点保护其生存环境，同时兼顾鸟类的保护，使黄檗种群在现有的基础上继续扩大。

值得指出的是，在该地区黄檗被村民破坏的情况时有发生，在旅游商品摊位经常可见黄檗被采伐来作为"颈椎枕"商品出售，这是对黄檗的保护的极大威胁。

4）野大豆

野大豆为国家二级重点保护野生植物，天津是野大豆集中分布地区之一，野大豆主要分布在武清大黄堡和宁河七里海及于桥水库周边，喜土壤湿润肥沃生境。野大豆为一年生缠绕草本，茎、小枝纤细，全体疏被褐色长硬毛。叶具 3 小叶；托叶卵状披针形，急尖，被黄色柔毛。顶生小叶为卵圆形或卵状披针形，先端锐尖至钝圆，基部近圆形，全缘，两面均被绢状的糙伏毛，侧生小叶为斜卵状披针形。总状花序通常短，花小。荚果为长圆形，密被长硬毛。种子有 2～3 粒，椭圆形，褐色至黑色。花期 7～8 月，果期 8～10 月。

野大豆是重要的野生种质资源，茎叶粗纤维含量低，适口性好，鲜嫩多汁，草质柔软，含有丰富的粗蛋白、粗脂肪及各种营养物质，可做家畜饲料；其种子富含蛋白质，适口性强，可食用，营养价值和利用率极高；全株可入药，其中种子性味甘，微寒，可清肝火、解痘毒；藤和荚果可治盗汗、伤筋、目昏、小儿疳积等，实验表明，还有降低血糖及抗癌的特效。野大豆在农业育种方面具有重要的应用价值，是研究生物遗传多样性的重要资料。此外，野大豆的根系发达，具有丰富的根瘤。

野大豆具有高抗逆性和耐热耐旱性优势及较高的经济价值，同时在扩大大豆种植资源方面具有潜在的应用价值，是我国大豆高产、优质、多抗育种的有价值的重要基因源。

野大豆的经济价值潜力使人们开始对其有目的地进行种植，挖掘其新的用途，对保护濒危野生植物资源、保持生态平衡、实现可持续发展、发展社会经济具有重要意义。

二、保护与管理建议

天津地区植物资源丰富，森林覆盖率正逐年提高，大部分山区植被正在发生着进展演替，但是保护区外仍然存在面积不小的荒山灌丛，这些植被是过去多年环境和资源被过度破坏导致的结果，短期内还难以恢复成茂密的森林。其主要原因之一是林下土壤瘠薄，且森林树种的来源受到限制。当务之急是加强荒山灌草丛的保护与管理，避免阳坡地段的植被再受破坏而发生逆行演替。同时有目的地引入目标树种，因地制宜地进行乡土树种植树造林，可以促进森林植被恢复。另外，多年来，野生植物资源作为农副产品被开发利用，取得了明显的经济收益，如采集菌类和药草、编织荆条、野生花卉养蜂、生产山楂汁等果汁饮品，年产值均过百万元。但由于许多植物资源具有药用价值、经济价值、食用价值等，遭到了人为严重破坏。总体看来，天津地区的野生植物资源丰富，开发潜力大，具有广阔的市场前景，但还应该对其加强管理，通过合理开发实现植物资源的可持续利用。

对天津植物资源利用与保护提出如下建议。

（1）继续加强野生植物监察工作，加大执法力度，完善配套的法律法规建设。目前经过调查，天津野生植物资源本底情况基本清楚，但天津市域范围内涉及的生态和群落类型繁多，有很多植物出现的季节不同步，因此一定还有不少植物没有被调查到。如果后续调查和分析工作跟进，天津野生植物的信息将趋于完善。建立长期定位观测大样地，按照野生植物资源监测技术规程，应用国际最新的大样地监测相关方法，定点、定期规范化采集监测信息，未来可以实现对部分国家重点保护的野生植物长期定位监测。通过固定样地长期监测，可以连续掌握重要野生植物资源种群的动态变化，为森林生态系统的生态功能评估提供重要的科学依据，并为野生植物保护管理提供参考。

（2）建议划定新的种源保护区。胡桃楸是国家重点保护野生植物之一，天津山区的胡桃楸分布集中和种质资源丰富，具有重要的科学研究价值。建议有针对性地设置胡桃楸重点保护区域，对天津地区的胡桃楸进行特别保护。目前在天津市下营镇道古峪村设立胡桃楸种质资源保护区，另外，八仙山国家级自然保护区实验区的太平沟，有成片分布的胡桃楸原始森林群落，多处地段几乎成为以胡桃楸为单一优势种的森林群落。这种胡桃楸集中分布的情况并不多见，非常珍贵。目前该地段并不是国家级自然保护区的核心区。为此，建议将太平沟的相应地段划分为胡桃楸种源重点保护区域，这对于保护胡桃楸种源和其生存环境有重要意义。

（3）加强保护区科学研究，进一步发掘保护区的生态功能和科研学术价值。结合天津高校相关专业优势，将先进的管理和监测技术吸收进来，强化自身的科研能力。开展野生植物保护专业人才培训，建立高水平、高素质的野生植物保护管理队伍。

（4）密切产、学、研、商和管理部门的联系，探讨植物资源高效可持续利用途径。通过学会或培训形式，经常召开资源利用学术及经验交流会。相关管理人员及科研人员、企业技术人员增进交流，将有利于植物资源的合理开发。

（5）结合资源现状和市场需求，积极促进野生植物栽培驯化。特别是对新记录种山樱花（*Prunus serrulata*）及有重要食用和经济价值的辽东楤木等优质种质资源，在做好保护工作的同时，应设立专项加强种苗培育和利用方面的研究。天津是全国著名的中药生产利用基地。但是目前很多中药资源都从外地购买，如果那些适合天津气候环境种植的大宗药材栽培本土化，将会有很大的市场前景。野生植物资源的开发利用必须因地制宜，将有优势、潜力大的资源作为开发重点，并建立植物资源的引种驯化基地。开展科学研究，保护与繁育并举，对于一些经济价值高的植物，应研究其生长繁育的规律。

（6）加强科普宣传，增强民众资源环境保护意识。资源植物生长于特定的生态环境中，环境被破坏了，资源将无法生存。广播、电视等新媒体的传播，会使保护自然环境的观念深入人心，从而出现全民共同参与、共同维护生态文明的新局面。

（7）将植物资源和生态环境保护寓于实践。根据对天津几个保护区和生态风景区的考察结果，建议未来各区管理应该根据各自的特点制定长远规划，实现"以保护为主、保护与游憩相结合"的原则。各地建立自己的生态发展品牌，如盘山的特点是"人文生态"；九龙山国家森林公园的特点是"生态养生"，那里具有丰富的药用植物资源，应结合生态旅游，在"生态养生福地"基础上进一步将该区规划成"生态养生福地、健康百草园"；梨木台自然风景区的特点是"生态地理"，适合作为地质科普的重要基地；八仙山国家级自然保护区的特点是"原始生态"，适合作为原生态和自然教育的科普基地；白蛇谷自然风景区的特点是生物资源丰富且分布集中，另外，该地地形地貌变化多样，是生态科普的良好场所。各地应因地制宜，制定不同的发展策略，在保护环境的同时激发人们对自然的兴趣和热爱。

（8）对古树资源进行抢救性保护。集中力量对天津境内诸多古树进行研究，建立健全的机制，要合理发掘古树资源的价值，包含科研价值和社会价值，让全社会认识到古树资源的不可再生性，从而在全社会形成保护的合力。

（执笔人：石福臣　唐丽丽）

参 考 文 献

刘家宜. 2004. 天津植物志. 天津: 天津科学技术出版社.

中国植被编辑委员会. 1980. 中国植被. 北京: 科学出版社.

第四章　京津冀地区的灌丛植被
及其保护与利用

　　暖温带山地灌丛在京津冀地区有大面积分布，是低山以至中低山的优势植被类型。在冀北和冀西北山地，由于降水量偏低，暖温带落叶阔叶林逐渐向草原植被过渡，山地阳坡常常分布着大面积的灌丛。京津冀地区以半湿润气候为主，土壤瘠薄，有利于耐干旱的灌木生长。同时，长期人类干扰也导致原生的森林植被遭到破坏，水土流失导致土壤更加瘠薄，森林恢复困难，而灌丛作为亚顶极长期维持。本章基于"华北地区自然植物群落资源综合考察"的结果，系统地分析了京津冀地区灌丛植被的类型、种类组成、群落结构，以及环境因子和人为干扰的关系等，进一步探讨如何合理保护与利用这一广泛分布的植被类型。

第一节　区　域　概　况

　　京津冀地区西为太行山，北为燕山，东部和南部地区为华北平原。太行山脉北起北京市西山，向南延伸至河南与山西交界地区的王屋山，西接山西高原，东临华北平原，呈东北—西南走向，绵延 400 余千米。它是中国地形第二阶梯的东缘，也是黄土高原的东部界线。燕山山脉西起洋河，东至山海关，北接坝上高原，南侧为华北平原，西南则以关沟与太行山相隔。

一、气　　候

　　京津冀地区的气候表现为典型的温带大陆性季风气候；年平均气温介于 –0.5～13.9℃之间，其分布特征主要呈现自南向北、自东向西逐渐降低的趋势，但区域内复杂的地势起伏对局地气温的影响明显。全年最冷月（1 月）月均温在 –1.2～–21.1℃之间；最热月（7 月）月均温在 17.4～27.4℃之间。

　　多年平均降水量介于 350～650mm，由于与海距离远近不同，且受到复杂地形的影响，降水量分布极不均匀。其分布特点是自沿海向内陆递减；燕山南麓和太行山东坡为夏季迎风坡，为多雨地带，年降水量在 600mm 以上，最大可达 800mm。距离海较远的坝上高原西北部的康保一带和盛行下沉气流的冀西北山间盆地年降水最少，在 334～410mm 之间。同时，该区域年降水量偏低，降水量表现出较大的年际波动（刘濂，1996）。

二、土　　壤

受水热条件的影响，京津冀地区自东南向西北依次出现棕壤、褐土、灰色森林土和黑土、栗钙土。其中，褐土带与暖温带半湿润半干旱灌丛和灌草丛植被基本一致，灰色森林土和黑土带与温带半湿润森林和森林草原植被交错带基本一致，而栗钙土带与温带干草原植被基本一致（熊毅和李庆奎，1987）。

三、植　　被

京津冀地区的植被分布状况（图 4-1）按面积比例依次为耕作植被（44%）、灌丛和灌草丛（24%）、草地（20%）和森林（12%）。森林集中分布在中高海拔山

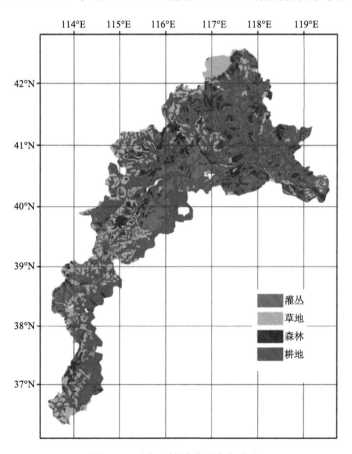

图 4-1　研究区植被类型空间分布

地，呈片状、带状或零散状分布。面积广大的中低山及丘陵地带为山地灌丛和灌草丛的发育和分布提供了广阔的场所。由于热量、水分等生态条件的制约，高海拔山地分布着高山、亚高山灌丛。草地植被则包括山地草丛和山地草甸。关于大部分山地草丛，木本群落遭到破坏后，水土流失，乔灌木无法生存，从而比较长久地保持草本植被状态的次生植被类型，主要分布在阳坡、半阳坡的开阔地段，其物种多为多年生中生或旱中生草本植物，主要包括黄背草（*Themeda japonica*）草丛和白羊草（*Bothriochloa ischaemum*）草丛。山地草甸则主要分布在中山森林的边缘。高海拔地区则分布着高山、亚高山草甸（刘濂，1996；崔国发等，2008）。

第二节　主要灌丛类型的特征

一、主要灌丛类型

京津冀山地灌木种类主要有荆条、酸枣（*Ziziphus jujuba* var. *spinosa*）、山杏（*Armeniaca sibirica*）、虎榛子（*Ostryopsis davidiana*）、土庄绣线菊（*Spiraea pubescens*）、三裂绣线菊（*S. trilobata*）、平榛（*Corylus heterophylla*）、毛榛（*C. mandschurica*）、二色胡枝子（*Lespedeza bicolor*）、沙棘（*Hippophae rhamnoides*）、野皂荚（*Gleditsia sinensis*）、小叶鼠李（*Rhamnus parvifolia*）、白刺花（*Sophora davidii*）、照山白（*Rhododendron micranthum*）、山刺玫（*Rosa davurica*）、蚂蚱腿子（*Myripnois dioica*）、野瑞香（*Daphne feddei*）、六道木（*Abelia biflora*）等，并形成以下几种主要灌丛类型：①虎榛子灌丛；②荆条灌丛（含荆条酸枣灌丛）；③平榛灌丛；④山杏灌丛；⑤绣线菊灌丛等。

二、物种丰富度

从不同灌丛类型来看，虎榛子灌丛、平榛灌丛和绣线菊灌丛的物种丰富度均值分别为 45.9 种、40.6 种和 40.2 种，均超过了 40 种。山杏灌丛的物种丰富度均值为 31.3 种，荆条灌丛的物种丰富度均值则只有 26.3 种。方差分析结果则显示虎榛子灌丛、平榛灌丛和绣线菊灌丛的物种丰富度没有显著差别，荆条灌丛和山杏灌丛的物种丰富度则显著低于其他三者，但互相之间没有显著差别。从物种数量的波动情况来看，山杏灌丛的波动最大，荆条灌丛的波动最小（表 4-1）。

表 4-1　不同灌丛类型物种丰富度的描述性统计

灌丛类型	样本数/个	均值	标准差	范围
虎榛子灌丛	30	45.9[b]	13.3	22~55
荆条灌丛	63	26.3[a]	11.6	12~48
平榛灌丛	18	40.6[b]	13.9	12~60
山杏灌丛	28	31.3[a]	16.2	16~49
绣线菊灌丛	30	40.2[b]	11.7	22~63

注：不同字母表示不同植被类型在 $P<0.05$ 下的显著性差异。

三、种　类　组　成

为了分析灌丛中植物种类的来源及影响因子，将所有出现的植物种类划分成伴人种、森林种和草原种（表 4-2）。伴人种主要反映其受人为干扰的程度；森林种主要分析灌丛作为森林植被逆向演替的可能性；而草原种主要反映向草原植被过渡中来自草原带的影响，与水分条件关系密切。分别计算伴人种、森林种、草原种在每一灌丛类型各样地中的重要值的平均值，重要值的计算采用植物群落学通常采用的方法。

从不同灌丛类型来看，虎榛子灌丛、平榛灌丛、山杏灌丛和绣线菊灌丛的伴人种重要值没有显著的差别，其均值分别为 0.06、0.07、0.14 和 0.06，而荆条灌丛的伴人种重要值则显著高于其他灌丛，其均值为 0.26。这也意味着相比于其他灌丛类型，荆条灌丛处于受干扰相对更严重的地区。从伴人种的高重要值来看，山杏灌丛也能在受干扰较为严重的生境条件下生存。

草原种重要值则显示出不一样的格局，可以看到，山杏灌丛的草原种重要值显著高于其他类型灌丛，其均值为 0.19；虎榛子灌丛、荆条灌丛和绣线菊灌丛的草原种重要值的均值分别为 0.09、0.09 和 0.10，没有显著的差异；平榛灌丛的均值为 0.03，显著低于其他类型灌丛。对于森林种重要值来说，平榛灌丛显著高于其他灌丛，其均值为 0.61；虎榛子灌丛和绣线菊灌丛均值分别为 0.50 和 0.45，没有显著差异；荆条灌丛和山杏灌丛则显著低于其他灌丛，均值分别为 0.29 和 0.28。从草原种和森林种的重要值格局来看，平榛灌丛的水分条件要明显优于其他灌丛，山杏灌丛的水分条件最差，其余灌丛类型居中（表 4-3）。

表 4-2 各植物生态类群物种名录

种类	种名	拉丁名	种名	拉丁名
伴人种	斑地锦	*Euphorbia maculata*	平车前	*Plantago depressa*
	车前	*Plantago asiatica*	婆婆针	*Bidens bipinnata*
	刺儿菜	*Cirsium setosum*	酸模	*Rumex acetosa*
	大籽蒿	*Artemisia sieversiana*	天蓝苜蓿	*Medicago lupulina*
	地梢瓜	*Cynanchum thesioides*	田葛缕子	*Carum buriaticum*
	独行菜	*Lepidium apetalum*	豌豆	*Pisum sativum*
	杠柳	*Periploca sepium*	线叶蒿	*Artemisia subulata*
	狗尾草	*Setaria viridis*	小花鬼针草	*Bidens parviflora*
	鬼针草	*Bidens pilosa*	打碗花	*Calystegia hederacea*
	鹤虱	*Lappula myosotis*	大麦	*Hordeum vulgare*
	画眉草	*Eragrostis pilosa*	荞麦	*Fagopyrum esculentum*
	灰菜	*Chenopodium album*	野西瓜苗	*Hibiscus trionum*
	灰绿藜	*Chenopodium glaucum*	野燕麦	*Avena fatua*
	尖头叶藜	*Chenopodium acuminatum*	茵陈蒿	*Artemisia capillaris*
	苦苣菜	*Sonchus oleraceus*	白前	*Cynanchum glaucescens*
	苦荬菜	*Ixeris polycephala*	猪毛菜	*Salsola collina*
	狼毒	*Euphorbia fischeriana*	猪毛蒿	*Artemisia scoparia*
	萝藦	*Metaplexis japonica*	紫花白前	*Cynanchum purpureum*
	麻叶荨麻	*Urtica cannabina*	紫苜蓿	*Medicago sativa*
	马唐	*Digitaria sanguinalis*	紫苏	*Perilla frutescens*
	披针叶黄华	*Thermopsis lanceolata*		
草原种	克氏针茅	*Stipa krylovii*	轮叶委陵菜	*Potentilla verticillaris*
	百里香	*Thymus mongolicus*	麻花头	*Serratula centauroides*
	瓣蕊唐松草	*Thalictrum petaloideum*	蒙古早熟禾	*Poa mongolica*
	冰草	*Agropyron cristatum*	米口袋	*Gueldenstaedtia verna*
	草地风毛菊	*Saussurea amara*	鸢尾	*Iris tectorum*
	北芸香	*Haplophyllum dauricum*	漏芦	*Stemmacantha uniflora*
	叉分蓼	*Polygonum divaricatum*	雀麦	*Bromus japonicus*
	长叶火绒草	*Leontopodium longifolium*	沙蒿	*Artemisia desertorum*
	丛生隐子草	*Cleistogenes caespitosa*	砂韭	*Allium bidentatum*
	地蔷薇	*Chamaerhodos erecta*	高山蓍	*Achillea alpina*
	东亚羊茅	*Festuca litvinovii*	无芒雀麦	*Bromus inermis*
	多裂叶荆芥	*Schizonepeta multifida*	细叶白头翁	*Pulsatilla turczaninovii*
	二裂委陵菜	*Potentilla bifurca*	细叶鸢尾	*Iris tenuifolia*
	狗舌草	*Tephroseris kirilowii*	线叶菊	*Filifolium sibiricum*

续表

种类	种名	拉丁名	种名	拉丁名
草原种	花旗杆	*Dontostemon dentatus*	腺毛委陵菜	*Potentilla longifolia*
	黄毛棘豆	*Oxytropis ochrantha*	兴安天门冬	*Asparagus dauricus*
	黄囊薹草	*Carex korshinskyi*	羊草	*Leymus chinensis*
	荆芥	*Nepeta cataria*	野亚麻	*Linum stelleroides*
	狼毒	*Euphorbia fischeriana*	硬毛棘豆	*Oxytropis fetissovii*
	冷蒿	*Artemisia frigida*	硬质早熟禾	*Poa sphondylodes*
	裂叶荆芥	*Schizonepeta tenuifolia*	羽茅	*Achnatherum sibiricum*
	柳穿鱼	*Linaria vulgaris*	臭棘豆	*Oxytropis chiliophylla*
森林种	大丁草	*Gerbera anandria*	香茶菜	*Rabdosia amethystoides*
	大萼委陵菜	*Potentilla conferta*	狼尾花	*Lysimachia barystachys*
	转子莲	*Clematis patens*	藜芦	*Veratrum nigrum*
	大戟	*Euphorbia pekinensis*	裂叶堇菜	*Viola dissecta*
	野青茅	*Deyeuxia arundinacea*	林地早熟禾	*Poa nemoralis*
	大野豌豆	*Vicia gigantea*	猪殃殃	*Galium aparine* var. *tenerum*
	大叶唐松草	*Thalictrum faberi*	林荫千里光	*Senecio nemorensis*
	大叶铁线莲	*Clematis heracleifolia*	龙须菜	*Asparagus schoberioides*
	委陵菜	*Potentilla chinensis*	龙芽草	*Agrimonia pilosa*
	大油芒	*Spodiopogon sibiricus*	楼梯草	*Elatostema involucratum*
	地榆	*Sanguisorba officinalis*	鹿蹄草	*Pyrola calliantha*
	东方草莓	*Fragaria orientalis*	轮叶黄精	*Polygonatum verticillatum*
	东亚唐松草	*Thalictrum minus* var. *hypoleucum*	乳浆大戟	*Euphorbia esula*
	鹅观草	*Roegneria kamoji*	莓叶委陵菜	*Potentilla fragarioides*
	地角儿苗	*Oxytropis bicolor*	美丽胡枝子	*Lespedeza formosa*
	翻白草	*Potentilla discolor*	美蔷薇	*Rosa bella*
	繁缕	*Stellaria media*	棉团铁线莲	*Clematis hexapetala*
	皱叶委陵菜	*Potentilla ancistrifolia*	牡蒿	*Artemisia japonica*
	山蚂蚱草	*Silene jenisseensis*	南牡蒿	*Artemisia eriopoda*
	花木蓝	*Indigofera kirilowii*	女娄菜	*Silene aprica*
	风毛菊	*Saussurea japonica*	荠苨	*Adenophora trachelioides*
	华北八宝	*Hylotelephium tatarinowii*	茜草	*Rubia cordifolia*
	小红菊	*Dendranthema chanetii*	芹叶铁线莲	*Clematis aethusifolia*
	小酸模	*Rumex acetosella*	求米草	*Oplismenus undulatifolius*

种类	种名	拉丁名	种名	拉丁名
	小玉竹	*Polygonatum humile*	拳参	*Polygonum bistorta*
	缬草	*Valeriana officinalis*	雀儿舌头	*Leptopus chinensis*
	鸦葱	*Scorzonera austriaca*	乳浆大戟	*Euphorbia esula*
	野艾蒿	*Artemisia lavandulaefolia*	三叶委陵菜	*Potentilla freyniana*
	野古草	*Arundinella anomala*	沙参	*Adenophora stricta*
	野蔷薇	*Rosa multiflora*	山葡萄	*Vitis amurensis*
	野青茅	*Deyeuxia arundinacea*	山野豌豆	*Vicia amoena*
	野芍药	*Paeonia obovata*	牛叠肚	*Rubus crataegifolius*
	异叶败酱	*Patrinia heterophylla*	蓝果蛇葡萄	*Ampelopsis bodinieri*
	翼茎风毛菊	*Saussurea alata*	升麻	*Cimicifuga foetida*
	银莲花	*Anemone cathayensis*	石沙参	*Adenophora polyantha*
	玉竹	*Polygonatum odoratum*	石生悬钩子	*Rubus saxatilis*
	远东芨芨草	*Achnatherum extremiorientale*	石韦	*Pyrrosia lingua*
	远志	*Polygala tenuifolia*	石竹	*Dianthus chinensis*
森林种	紫菀	*Aster tataricus*	唐松草	*Thalictrum aquilegifolium* var. *sibiricum*
	华北蓝盆花	*Scabiosa tschiliensis*		
	华北乌头	*Aconitum jeholense* var. *angustius*	糖芥	*Erysimum bungei*
			桃叶鸦葱	*Scorzonera sinensis*
	黄花龙牙	*Patrinia scabiosaefolia*	歪头菜	*Vicia unijuga*
	黄花乌头	*Aconitum coreanum*	委陵菜	*Potentilla chinensis*
	黄精	*Polygonatum sibiricum*	乌苏里风毛菊	*Saussurea ussuriensis*
	鸡腿堇菜	*Viola acuminata*	乌头	*Aconitum carmichaelii*
	大叶野豌豆	*Vicia pseudorobus*	西伯利亚远志	*Polygala sibirica*
	金莲花	*Trollius chinensis*	西山委陵菜	*Potentilla sischanensis*
	金丝桃	*Hypericum monogynum*	细叶韭	*Allium tenuissimum*
	荩草	*Arthraxon hispidus*	细叶小檗	*Berberis poiretii*
	京大戟	*Euphorbia pekinensis*	金花远志	*Polygala linarifolia*
	瞿麦	*Dianthus superbus*	狭叶沙参	*Adenophora gmelinii*
	卷柏	*Selaginella tamariscina*	纤毛鹅观草	*Roegneria ciliaris*
	卷丹	*Lilium lancifolium*	薤白	*Allium macrostemon*

表 4-3　　不同灌丛类型各植物生态类群重要值的描述性统计

种类	灌丛类型	样本数/个	均值	标准差	范围
伴人种	虎榛子灌丛	30	0.06ᵃ	0.03	0～0.17
	荆条灌丛	63	0.26ᵇ	0.16	0.07～0.57
	平榛灌丛	18	0.07ᵃ	0.03	0.01～0.11
	山杏灌丛	28	0.14ᵃ	0.09	0.02～0.30
	绣线菊灌丛	30	0.06ᵃ	0.03	0.01～0.10
草原种	虎榛子灌丛	30	0.09ᵇ	0.05	0～0.18
	荆条灌丛	63	0.09ᵇ	0.08	0～0.35
	平榛灌丛	18	0.03ᵃ	0.02	0～0.07
	山杏灌丛	28	0.19ᶜ	0.10	0～0.60
	绣线菊灌丛	30	0.10ᵃ	0.06	0～0.25
森林种	虎榛子灌丛	30	0.50ᵇ	0.15	0.29～0.79
	荆条灌丛	63	0.29ᵃ	0.17	0.09～0.70
	平榛灌丛	18	0.61ᶜ	0.06	0.53～0.70
	山杏灌丛	28	0.28ᵃ	0.17	0.13～0.71
	绣线菊灌丛	30	0.45ᵇ	0.08	0.24～0.56

注：不同字母表示不同植被类型在 $P<0.05$ 下的显著性差异。

四、群落结构

灌木层盖度从大到小依次是平榛灌丛、虎榛子灌丛、绣线菊灌丛、荆条灌丛和山杏灌丛。其中平榛灌丛、虎榛子灌丛和绣线菊灌丛的灌木层盖度平均值均超过了 60%，互相之间没有显著差异；尤其是平榛灌丛，其灌木层平均盖度超过了 80%，平榛灌丛的灌木层盖度的波动最小；虎榛子灌丛的灌木层平均盖度超过了 70%；绣线菊灌丛的灌木层平均盖度略大于 60%，且波动较大。而荆条灌丛和山杏灌丛的灌木层平均盖度均不到 50%，且波动较大[图 4-2（a）]。

比较不同类型灌丛草本层盖度的差异，可以发现，平榛灌丛的草本层盖度最低，平均值在 20% 左右。这是由于其灌木层既高且密，挤压了草本层的生存空间。但值得注意的是，在平榛灌丛分布的地区，通常有较好的水分条件，在没有灌丛覆盖的周边常能看到长势良好的草本群落。其他灌丛草本层盖度的平均值没有显著差异，都在 50% 上下。另外，草本层盖度的波动在不同灌丛之间也有一些差异，平榛灌丛草本层盖度的波动最小，荆条灌丛的草本层盖度波动最大[图 4-2（b）]。

灌木层平均高度从高到低依次是山杏灌丛、平榛灌丛、荆条灌丛、绣线菊灌丛和虎榛子灌丛；其中，山杏灌丛和平榛灌丛的平均高度均超过 1.5m，互相之间没有显著差异；虎榛子和绣线菊灌丛的平均高度均不到 1m，互相之间没有显著差异。荆条灌丛的平均高度不到 1.5m，但在不同样地之间荆条灌丛高度的波动较大[图 4-2（c）]。

比较不同类型灌丛草本层高度的差异，可以看到，除了荆条灌丛以外，其他灌丛草本层高度没有显著差别。而荆条灌丛的草本层高度相对较大，而且其波动非常大。在太行山、燕山的低山丘陵地区，荆条经常与黄背草、白羊草等形成灌草丛，而黄背草和白羊草共同形成高草层[图 4-2（d）]。

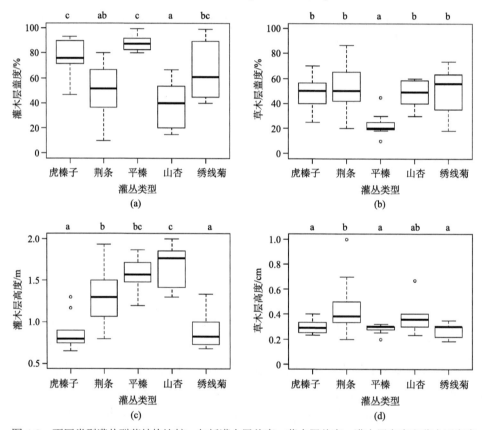

图 4-2　不同类型灌丛群落结构比较，包括灌木层盖度、草本层盖度、灌木层高度和草本层高度

小写字母表示不同灌丛类型在 $P<0.05$ 下的显著性差异

五、与环境条件的关系

1. 不同类型灌丛分布的环境条件

为了比较不同灌丛类型的水热条件，还计算了各样地的干湿度指数（HI），

具体计算方法参照吉良龙夫的计算方法：$HI=P/(WI+20)$，$WI=\sum(t-5)$。式中 WI 为对年内月均温 $t>5℃$ 时的月均温进行累加，P 为年降水量，此公式适用于 $WI<100℃·月$ 的地区。荆条灌丛的热量条件要显著高于其他灌丛。不同类型灌丛的样地之间年降水量的差别比较显著，荆条灌丛的年降水量显著高于其他灌丛，平榛灌丛次之，虎榛子灌丛的年降水量最低。干湿度指数的格局与年降水量有所差异，尽管荆条灌丛具有高降水量的特征，但其干湿度指数 HI 要显著低于除了山杏灌丛以外的其他灌丛。平榛灌丛的干湿度指数最高，虎榛子灌丛和绣线菊灌丛次之（表 4-4）。

表 4-4　不同类型灌丛环境因子（水热）的一般特征

灌丛类型	年均温/℃	年降水量/mm	干湿度指数
虎榛子灌丛	5.4±1.4[a]	424.6±20.1[a]	4.9±0.2[b]
荆条灌丛	10.2±1.9[b]	532±55.1[d]	4.5±0.3[a]
平榛灌丛	5.6±2.1[a]	487.0±86.2[bc]	5.0±0.1[c]
山杏灌丛	6.3±2.0[a]	457.4±71.9[b]	4.5±0.1[a]
绣线菊灌丛	5.4±1.8[a]	449.7±55.2[ab]	4.8±0.3[b]

注：表中数据显示均值和标准差；不同字母表示不同植被类型在 $P<0.05$ 下的显著性差异。

　　比较不同灌丛类型的坡度分布，除了绣线菊灌丛样地的坡度稍陡以外，其余灌丛没有显著的差别（表 4-5）。比较土壤养分的分布差异，可以发现，平榛灌丛具有较高的土壤碳和土壤氮，荆条灌丛的土壤碳、氮含量较低；另外，荆条灌丛的土壤磷含量显著高于其他灌丛类型，但波动较大；其余灌丛类型的土壤磷含量互相之间差别不显著（表 4-5）。

表 4-5　不同类型灌丛环境因子（地形、土壤养分）的一般特征

灌丛类型	坡度/（°）	土壤碳/%	土壤氮/%	土壤磷/%
虎榛子灌丛	25.5±12.4[ab]	2.7±0.8[b]	0.2±0.2[a]	0.5±0.2[a]
荆条灌丛	19.9±9.1[a]	2.4±1.2[a]	0.2±0.2[a]	1.0±0.7[b]
平榛灌丛	18.8±9.0[a]	3.4±1.7[c]	0.3±0.1[b]	0.6±0.2[a]
山杏灌丛	23.7±13.7[ab]	2.5±1.4[a]	0.4±0.1[ab]	0.6±0.2[a]
绣线菊灌丛	27.7±7.1[b]	3.5±1.5[c]	0.3±0.3[b]	0.7±0.3[a]

注：表中数据显示均值和标准差；不同字母表示不同植被类型在 $P<0.05$ 下的显著性差异。

2. 灌丛在不同环境梯度上的分布差异

海拔 500m 以下地区分布着超过 25%的荆条灌丛，而其他类型灌丛在海拔
500m 以下地区的分布均不超过 10%；而海拔 1000m 以下地区分布着超过 90%的
荆条灌丛，相应地，只有 65%的山杏灌丛，以及只有不到 50%的平榛灌丛、虎榛
子灌丛、绣线菊灌丛分布在海拔 1000m 以下地区。从结果中可以看出，荆条灌丛
主要分布在中低海拔地区，山杏灌丛分布地区的海拔比荆条灌丛略高，而平榛灌
丛、虎榛子灌丛、绣线菊灌丛分布地区的海拔最高（图 4-3）。

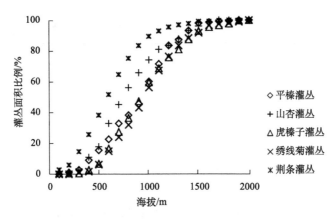

图 4-3　不同类型灌丛沿海拔的面积累计百分比

根据灌丛面积沿年降水量梯度的分布可以发现，平榛灌丛的分布主要集中在
两个降水区间，有 60%的平榛灌丛分布在年降水量为 350～450mm 的地区，而只
有不到 5%的平榛灌丛分布在年降水量为 450～550mm 的地区，其余的 35%则分
布在年降水量为 550～650mm 的地区。山杏灌丛的分布则显示出完全不同的趋势，
20%的山杏灌丛分布在年降水量为 350～450mm 的地区，剩下的将近 80%都分布
在年降水量为 450～550mm 的地区，在年降水量为 550～650mm 的地区几乎没有
山杏灌丛存在。虎榛子灌丛和绣线菊灌丛沿降水梯度的分布则有相当一致的趋势，
在 350～450mm 的年降水量区间分布了 60%的面积，在 450～550mm 各自的比例
也超过了 30%，只有不到 10%的分布位于年降水量 550～650mm。荆条灌丛的分
布则又有所不同，在年降水量 450mm 以下的地区，只分布了不到 5%的荆条灌丛，
而在 450～550mm 的年降水量区间分布了 70%的荆条灌丛（图 4-4），在 550～
650mm 的年降水量区间也分布了超过 20%的荆条灌丛。从结果中可以看出，相比
较而言，虎榛子灌丛和绣线菊灌丛对低降水量的适应能力最好，山杏灌丛次之，

荆条灌丛则主要分布在研究区中高降水量的地区；另外，平榛灌丛对降水的适应
呈现双峰分布，分别在研究区的低降水量和高降水量地段集中分布。

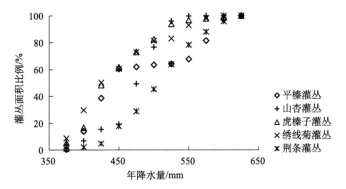

图 4-4　不同类型灌丛沿降水梯度的面积累计百分比

　　比较不同类型灌丛面积沿年均温度梯度的分布可以发现，平榛灌丛、虎榛子
灌丛、绣线菊灌丛均有超过 50%分布在年均温度低于 5℃的区域，在 0～5℃区域
内，山杏灌丛只分布了 20%，而荆条灌丛的分布只有 7%。其余的平榛灌丛、虎
榛子灌丛、绣线菊灌丛及山杏灌丛则分布在 5～10℃区域，在这一年均温度区间，
荆条灌丛的分布超过了 70%。而在年均温度超过 10℃的区域，基本上只分布了荆
条灌丛，其余类型灌丛鲜有分布。从结果中可以看到，因为海拔和温度有显著的
负相关关系，不同类型灌丛面积沿年均温度梯度的分布与其沿海拔梯度的分布有
明显的一致性。另外，年均温度超过 10℃的地区基本上只分布在太行山中部和南
部低山地区，这一地区主要分布的灌丛为荆条灌丛，而基本上没有虎榛子灌丛、
绣线菊灌丛和平榛灌丛等（图 4-5）。

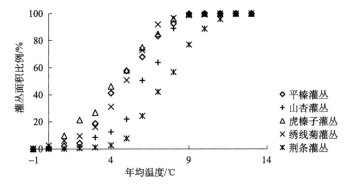

图 4-5　不同类型灌丛沿温度的面积累计百分比

　　比较不同类型灌丛面积沿坡度的分布可以发现，在坡度小于 5°的区域里，基本上没有灌丛的分布，在坡度小于 12°的区域内，也只有绣线菊灌丛的面积分布比例超过了 30%，明显高于其他灌丛类型。在坡度为 12°～18°的区域里集中分布了大量的灌丛，在这个坡度区域内，分布着超过 70%的平榛灌丛和山杏灌丛，以及 50%的绣线菊灌丛、虎榛子灌丛和荆条灌丛。在坡度超过 18°的区域内，分布着超过 25%的荆条灌丛，20%的虎榛子灌丛，其余的平榛灌丛、山杏灌丛和绣线菊灌丛均不超过 15%。从结果中可以看到，一方面，灌丛沿坡度的分布主要集中在 10°～20°之间；另一方面，相比较而言，荆条灌丛可以较好地适应坡度更陡的地方（图 4-6）。

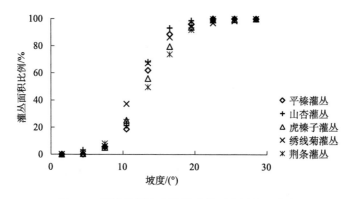

图 4-6　不同类型灌丛沿坡度的面积累计百分比

　　比较不同类型灌丛面积沿干扰指数梯度（根据与道路和居民点的距离计算）的分布可以发现，平榛灌丛在干扰指数<10 的区域内分布面积比例超过了 60%，绣线菊灌丛和虎榛子灌丛在干扰指数<10 的区域内分布面积比例也在 50%左右，而山杏灌丛和荆条灌丛在干扰指数<10 的区域内只分布了不到 10%的面积。在干扰指数达到 20 时，平榛灌丛、虎榛子灌丛和绣线菊灌丛的累积分布面积比例已经超过了 85%，而山杏灌丛的累计分布比例则超过了 75%，且集中分布在干扰指数为 10～20 的这部分区域内；荆条灌丛只有不到 50%的位于干扰指数<20 的区域。当干扰指数达到 30 时，除了荆条灌丛以外的其他灌丛比例均超过了 90%，荆条灌丛则达到了 60%。而当干扰指数超过 30 时，其他灌丛只有极少量的分布；而荆条灌丛的分布则可以一直到干扰指数达到 70 的区域。由这一结果可以发现，荆条灌丛对人类干扰的适应能力远超过其他灌丛，山杏灌丛次之，其他灌丛对人类干扰的适应能力相对差一些（图 4-7）。

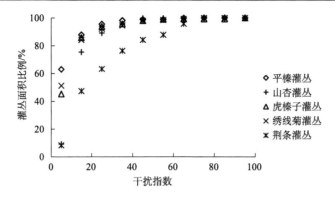

图 4-7　不同类型灌丛沿干扰指数的面积累计百分比

第三节　灌丛植被的保护与利用

一、灌丛植被的多种起源及其保护价值

大量伴人植物的出现，说明京津冀地区的灌丛植被（尤其是荆条灌丛）大多受到了人为活动的影响。尽管如此，大面积的灌丛植被是这一地区的特色；同时，不同的植被类型起源不同，具有不同的保护价值。

从物种组成上看，尽管平榛灌丛草本层稀疏，但其草本物种丰富度较高，而且相比于其他灌丛有更高的森林种重要值和更低的草原种重要值，说明其生长环境具有较好的水分条件。原因在于平榛灌丛多分布在林缘地带，是落叶阔叶林次生演替的一个阶段，若停止人为干扰砍伐，可以发育山杨林或栎、椴杂木林。

绣线菊灌丛和虎榛子灌丛的群落结构和物种组成比较接近，灌木层盖度都高于荆条灌丛和山杏灌丛，灌木层高度均在 1m 上下，显著低于其他三种灌丛。两者均有较高的草本层盖度。虎榛子灌丛的物种丰富度相对较高。两者的伴人种重要值都很低，说明受到的人为干扰相对较小。在实地考察中可以发现，这两种灌丛经常在同一地区出现，但前者多位于阳坡或半阳坡；后者则主要出现在阴坡或半阴坡；后者的土层也较前者更深，砾石更少，水分条件更好。山杏灌丛灌木层高度最高，但分布比较稀疏。草本物种丰富度低，且草原种重要值相对较高，森林种重要值相对较低。山杏灌丛多位于降水量偏少的中山地带，又因为多在阳坡分布，群落水分状况差，土层瘠薄。有研究表明，在太行山一带的主要灌丛类型里，山杏的水分利用效率要高于其他灌木种，对干旱环境具有更强的适应能力。以上特点说明，这三种灌丛类型是森林向草原过渡的地带性植被，具有保护价值。

荆条灌丛在低山丘陵地区广泛分布,相比于其他灌丛,不管是灌木层的盖度、高度的波动,还是草本层的盖度、高度的波动都大于其他灌丛类型。尽管荆条灌丛的物种丰富度低于其他灌丛,但伴人种的重要值远高于其他灌丛,但是这也意味着相比于其他灌丛,荆条灌丛对人类干扰的适应能力更强,对荆条灌丛这一京津冀地区优势植被类型的保护是改善区域生态状况的关键。

二、灌丛植被的利用与改造

在京津冀地区,大部分灌丛,尤其是分布在海拔较低地区的荆条灌丛(包括荆条酸枣灌丛),与人类相伴而生,长期以来作为薪柴被人类利用。由于经济水平的提高,自然生长的灌木不再作为薪柴主要来源,在太行山和燕山山地,灌丛植被普遍得到了恢复,高度显著提高。然而,近年来一些重点生态工程(如太行山防护林工程)的实施正在对一些地区的灌丛产生威胁,油松林、侧柏林等人工林在低海拔地区推广,取代了原来的天然荆条灌丛(包括荆条酸枣灌丛)。野外调查发现,在土层较厚的坡脚或缓坡,人工林生长状况良好,而在土层瘠薄的地区,人工林生长普遍不良,而原来的灌丛被清除,水土保持的效果反而变差。因此,对灌丛植被的合理改造亟待重视。

山杏、酸枣、平榛等是重要的资源植物。山杏是河北北部地区"杏仁露"的原料,酸枣作为"酸枣汁"的原料,具有食用和药用价值,平榛(也包括毛榛)是重要的坚果,在当地山区被广泛采摘和销售,作为山区农民增收的手段。对于这类资源植物占优势的灌丛,当前以农民分散采摘其野生果实为主,对其还缺少规模化的合理利用,迫切需要提升其规模化综合利用水平。

(执笔人:王　韬　刘鸿雁)

参 考 文 献

崔国发, 邢韶华, 赵勃. 2008. 北京山地植物与植被保护研究. 北京: 中国林业出版社.

刘濂. 1996. 河北植被. 北京: 科学出版社.

熊毅, 李庆奎. 1987. 中国土壤. 北京: 科学出版社.

第五章 山东植被资源基本特征及保护利用

山东地处我国暖温带沿海地区是中国落叶阔叶林分布的典型区域，地带性植被是暖温带落叶阔叶林；因与北亚热带接壤，区系成分比较丰富。但历史上由于人类活动频繁，干扰严重，原生植被除了在黄河三角洲的新生湿地上有一些分布，其他地区以次生和人工栽培植被占优势，缺少高大、茂密的森林植被（王仁卿和周光裕，2000；张新时，2007）。从山东植被的现状看，植被保护和恢复重建任务极其重要，且相当艰巨。

植被保护和资源利用的基础是全面、详尽的植被调查及数据资料。基于以往的资料，以及参加国家科技基础性工作专项"华北地区自然植物群落资源综合考察"的调研后，对山东植被资源的状况和特征有了更多的认识和了解，有了关于山东植被资源的新的量化数据和资料，为植被资源保护、利用提供了有力的科学基础。

第一节 山东植被概况

一、影响山东植被的自然条件特点

山东位于中国东部、黄河下游的暖温带沿海地区，地理位置为 34°25′～38°23′N，114°36′～122°43′E，陆地面积为 15.7 万 km²，海岸线长达 3120 多千米。

山东分半岛和内陆两部分，山东半岛向东突出于渤海和黄海之间，气候受海洋影响明显。陆地是我国自西向东、由高到低的三级地势阶梯中的最低一级。山东的地貌类型包括中山、低山、丘陵、台地、盆地、平原、湖泊、海岸等多种类型。地势总的分布特征为中部高四周低，以鲁中南山地丘陵区为最高，其中又以泰山、鲁山、沂山、蒙山等山地为中心，泰山主峰玉皇顶海拔为 1532.7m，为全省最高峰；泰山山地北面一直到渤海，是华北黄泛平原的组成部分；东部的山东半岛是低山丘陵地貌。黄河流经山东北部，自山东入海，黄河入海口处形成了著名的黄河三角洲。

山东的气候属于暖温带季风气候类型，年平均气温为 11～14℃，降水量在 550～950mm 之间，气候具有四季分明、光照充足、雨量适中而又雨热同季的特点。夏季盛行东南风，炎热多雨；冬季多西北风，寒冷干燥；春季干旱少雨且多风沙；秋季常出现"秋高气爽"的天气，降水较少。一年之中降雨集中于夏季的6月、7月、8月3个月。降雨量年变率较大，近年来降雨量明显降低。全省的气候大势是山东半岛与鲁中南山区的热量、降水较为优越，鲁北、鲁西地区稍差，这些特点是与季风变化及地理位置、地形等因素密切相关的。

山东的地带性土壤，从东向西有规律地分布着棕壤和褐土两个土类。棕壤主要分布于胶东、沭东丘陵和鲁中南山地上部。褐土主要分布在省内沿胶济、京沪铁路两侧的山前平原地带、鲁中山地及山地中下部的梯田和河谷阶地上。黄泛平原则有潮土分布，黄河三角洲和滨海地区有盐渍土分布。

上述的自然条件影响和决定了植被的分布和发育。森林和灌丛植被主要分布于山地丘陵区，草甸植被类型多分布于平原地区。从区域上来讲，山东半岛地区的温度、降水等条件比较优越，植被类型多样；其次是鲁中南山地区；黄河三角洲则分布有盐生草甸、灌丛等；南四湖等水域和湿地则分布着水生植被和湿地植被（王仁卿和周光裕，2000）。

二、组成山东植被的主要建群种类

组成山东植被的维管植物有183科、900多属、23000多种。其中除引种栽培及外来种以外，属于自然分布的有154科、616属和1650多种。在这些种类中，有蕨类植物39属约100种，分别占山东植物总属数的6.33%和总种数的6.04%，被子植物574属约1551种，占总属数的93.18%和总种数的93.66%。裸子植物属、种数虽少，但多是重要的乔木树种，它和被子植物的属数和种数占山东省维管植物的93.67%和93.96%，这就说明种子植物在山东植被的区系组成中起着决定性的作用。从区系成分来讲，各种温带成分占主导地位。

虽然山东的植物种类丰富多样，但是作为植物群落建群种出现的却并不是很多。

针叶林属于温性类型，自然分布的主要是松林，人工引种了部分寒性和暖性针叶林树种，多局限于特殊的小生境中。

松林中自然分布的有赤松（*Pinus densiflora*）和油松（*Pinus tabuliformis*），都属于乡土树种，自然分布于山地丘陵区；引自日本的黑松（*Pinus thunbergii*）已经在山东各地广泛种植。侧柏（*Platycladus orientalis*）是山东常见的另一针叶林建群种，自然分布于石灰岩山地。其他针叶树种有20世纪60年代引入的杉木（*Cunninghamia lanceolata*）、日本落叶松（*Larix kaempferi*）和水杉（*Metasequoia glyptostroboides*）等十多种，在局部成林，但它们都有一定的适应范围。

落叶阔叶林是山东的地带性植被，落叶栎林为主要类型，山东的落叶栎林由栎属的物种组成，其中最占优势的是麻栎（*Quercus acutissima*），其次是栓皮栎（*Q. variabilis*），还有少量的蒙古栎（*Q. mongolica*）、槲树（*Q. dentata*）、槲栎（*Q. aliena*）、短柄枹栎（*Q. serrata* var. *brevipetiolata*）等。其他阔叶树是槭属（*Acer*）、榆属（*Ulmus*）、椴树属（*Tilia*）、黄连木属（*Pistacia*）、合欢属（*Albizia*）等属植物，通常零星分布于森林中，在个别地段可以形成杂木林。毛白杨（*Populus tomentosa*）、加杨（*P. canadensis*）、旱柳（*Salix matsudana*），是平原上常见的造林树种。目前山东各地分布最广的树种是刺槐（*Robinia pseudoacacia*），它在海拔600m 以下的地方到处可以形成纯林，在某些向阳沟谷中可以分布到最高900m 左右。刺槐是原产于北美洲温带的植物，而山东的刺槐则于 19 世纪末由欧洲首先引入青岛，然后很快发展到山东各地及我国其他地区去。

灌丛的建群种以胡枝子属（*Lespedeza*）最常见，胡枝子（*L. bicolor*）是荒山上灌丛的主要建群种，也是林下灌木层的重要组成种类，其他如截叶铁扫帚（*L. cuneata*）、兴安胡枝子（*L. daurica*）、山豆花（*L. tomentosa*）等多为群落的共建种。柽柳（*Tamarix chinensis*）在山东省的盐土地区，如渤海湾沿岸和鲁西北、鲁西南某些地方形成灌丛，在黄河三角洲和渤海湾沿岸的盐土上有大面积分布。荆条（*Vitex negundo* var. *heterophylla*）和酸枣（*Ziziphus jujube* var. *spinosa*）是组成山东省各地灌丛的主要灌木种类，在全省分布很广。其他有灰毛黄栌（*Cotinus coggygria* var. *cinerea*）和绣线菊属（*Spiraea* sp.）的种类。灌草丛中的主要草本植物建群种是黄背草（*Themeda triandra* var. *japonica*）和白羊草（*Bothriochloa ischaemum*）及白茅（*Imperata cylindrica*）等广布种。

草甸的建群种以禾本科为最多，还有莎草科、豆科、蔷薇科、蓼科等的个别属种。例如，芦苇属（*Phragmites*）、狗牙根属（*Cynodon*）、结缕草属（*Zoysia*）、薹草属（*Carex*）、碱蓬属（*Suaeda*）的种类。

水生植被建群种由睡莲科、菱科、金鱼藻科、泽泻科、眼子菜科、浮萍科、雨久花科等种类组成，如浮萍（*Lemna minor*）、狸藻（*Utricularia vulgaris*）、睡莲（*Nymphaea tetragona*）、菰（*Zizania latifolia*）等。

三、山东植被的分类

参照《中国植被》（中国植被编辑委员会，1980）的植被分类原则和分类系统，结合山东实际，山东省植被分类采用植被型、群系和群丛三级系统。

第一级——植被型。植被型是山东植被分类的最高级单位。每一植被型的植物群落中的建群种具有相近的生活型和相似的群落外貌，或者分布在相同的生境中的群落。根据这一特征，将山东植被划分为针叶林、阔叶林、竹林、灌丛、灌草丛、草甸、沙生植被、水生植被和沼泽 9 个植被型。

第二级——群系。群系是植被分类中的中级单位。划分群系以植物群落中一个或一个以上相同的建群种或共建种为标志，同一群系的植物群落，它们的群落学特征和生产力都是比较相似的。根据目前的资料，能对山东植被划分出 60 多个建群种明显的群系。

第三级——群丛。群丛是植物群落分类的基本单位。凡是层片结构相同、各层片的优势种或建群种相同的植物群落联合为群丛。由于调查数据有限，目前只是对针叶林和阔叶林进行了群丛划分，如赤松林、麻栎林等可划分出 5～10 个群丛。表 5-1 为山东植被分类系统及其与中国植被分类系统的比较。

表 5-1　山东植被分类系统及其与中国植被分类系统的比较

山东植被分类系统	中国植被分类系统
针叶林	寒温性针叶林
	温性针叶林
	暖性针叶林
阔叶林	落叶阔叶林
竹林	竹林
灌丛	落叶阔叶灌丛
	常绿阔叶灌丛
灌草丛	灌丛和灌草丛
草甸	草甸
沙生植被	灌丛
	草甸
水生植被	水生植被
沼泽	沼泽

四、山东植被的分布规律

在中国植被区划的 8 个区域中，山东省属于其中的暖温带落叶阔叶林区域，这个区域只辖一个植被地带，即暖温带落叶阔叶林地带（中国植被编辑委员会，1980）。

　　山东北部属于暖温带北部落叶栎林亚地带、黄淮海平原栽培植被区的一部分。这一部分是鲁西北和鲁北平原，是我国华北大平原的主要部分，与山东南部相比温度较低，降水量较少，无霜期较短，土壤为潮土和盐渍土，植被主要是栽培植被；黄河三角洲区域则分布着天然的盐生草甸和以柽柳为主的灌丛，也有零星分布的旱柳林。山东南部分别属于中国植被分区中的暖温带南部落叶栎林亚地带的胶东丘陵栽培植被的赤松、麻栎林区；鲁中南山地栽培植被油松、麻栎、栓皮栎林区，而鲁西南为黄淮平原栽培植被区的一部分，南四湖的水生植被是这一区域的特征。

　　由于山东同在一个气候带，境内也没有高大山地，而且植被受人为活动影响剧烈，所以植被的地带性变化规律不是很明显，但也能表现出一定的规律性。在山东半岛和鲁中南山地，丘陵的年降水量为600～700mm，近海地区可达950mm，在微酸性或中酸性棕壤中分布着各种落叶栎类林，麻栎林多分布在较暖的低山处阳坡或海滨丘陵上，栓皮栎林多分布在稍干燥的生境中，而槲树林和槲栎林则在气温稍低的山地分布最广。栎林破坏后多为次生的松林，内陆为油松林，滨海为赤松林。在石炭性或中性褐土上，分布着山合欢、黄连木杂木林，阔叶林被破坏后，阳坡上则次生或栽有侧柏疏林。森林进一步被破坏后，即次生为由荆条、酸枣及黄背草、白羊草组成的灌草丛，这一特征在华北低山丘陵区也存在。

　　由于各地温度和降水量不同，从种类组成上还是能够看出地带性特征的。纬向变化表现在南部，特别是东南部具有较多的亚热带成分，而且还可以成为群落的建群种。散生的乔木树种有红楠（*Machilus thunbergii*），灌木有大叶胡颓子（*Elaeagnus macrophylla*）、山茶（*Camellia japonica*）、竹叶椒（*Zanthoxylum planispinum*）、淡竹等，半常绿灌木有山胡椒（*Lindera glauca*）、红果山胡椒（*L. erythrocarpa*）等，常绿藤本植物有扶芳藤（*Euonymus fortunei*）、络石（*Trachelospermum jasminoides*）等，还有典型的亚热带附生常绿草本植物蜈蚣兰（*Cleisostoma scolopendrifolium*），其他常绿的草本植物种类还有不少。其中山茶和淡竹均可形成群落。

　　降水和热量条件的变化是由东南向西北递减，所以山东的植被类型和植物种类组成等也是从东南到西北有所不同，东南部不仅森林植被发育茂密，而且种类组成也比较复杂。上述各种常绿树种和亚热带树种为建群种的群落也见于东南部，能够引种栽培的亚热带植物也多。

五、山东植被的基本特点

山东植被在各种自然条件的影响及人为干扰下形成和存在、发展。综合分析，目前的山东植被具有以下几个特点。

（1）地带性和潜在的植被是落叶阔叶林。尽管由于长期、频繁、严重的人为活动影响，目前山东占优势的植被是各种栽培植被和次生或人工栽培的针叶林，但从各山地沟谷和局部残存植被和植物种类组成看，山东潜在的自然植被是落叶阔叶林。一个很好的例证是曲阜孔林的半自然状态的高大麻栎林。

（2）森林覆盖率低，荒山面积大。由于长期和广泛的人类活动，原始的森林植被在山东早已荡然无存，目前占优势的森林植被是各种人工林；山东的实际森林覆盖率只有 17%～18%，低于全国平均水平。另外，山东的荒山植被面积很大，土壤浅薄贫瘠，很多地段裸岩出露，森林恢复难度极大，靠自然恢复森林植被几乎不可能。

（3）优势森林植被类型是针叶林，种类组成和结构简单，生态功能低。山东目前的主要森林植被类型是针叶林，比例超过森林的 50%，而且多为半自然的人工林。阔叶林占森林面积的 45%左右，且以刺槐林占优势，面积占落叶阔叶林的50%以上，地带性的落叶栎林只有 5%左右。建群种和优势种的多样性不高；森林的主要成林树木在幼年和中年期，树龄为 40～50 年。这些特点造成山东的森林植被生态服务功能不高，而且容易发生病虫灾害。

（4）外来植物有逐渐增加的趋势。由于前些年在造林中多使用外来树种和灌木造林，目前山东森林植被以外来树种占优，森林中黑松、刺槐为建群种的森林面积超过 50%。灌木中火炬树（*Rhus typhina*）等种类的面积也有扩大趋势。此外，水葫芦（*Eichhornia crassipes*）、水花生（*Alternanthera philoxeroides*）、互花米草（*Spartina alterniflora*）等外来种类在湿地植被中也很常见，甚至成为单优群落。

山东植被的这些特点无疑给山东植被的保护利用和恢复带来很大困难。

第二节　山东植被主要类型和分布概述

从地理、气候、土壤，特别是降水和热量条件看，山东是中国暖温带植被分布的典型区域之一，以落叶栎类为代表的落叶阔叶林是山东的地带性植被。从各山地沟谷和局部残存的植被和植物种类组成看，山东潜在的自然植被也是落叶阔叶林。长期的人为活动干扰改变了植被类型的组成和格局，一方面天然植被遭到破坏，另一方面次生植被不断增加。这种变化导致了山东植被组成上的特殊性，因而出现许多荒山植被，如山东各低山丘陵广泛分布的灌草丛就是很好的证明。山东的海岸线有 3000 多千米，海岸有岩岸、沙岸和泥岸等类型，沙质海岸上分布有面积不大、但很有特色的沙生植被。黄河三角洲由于其特殊的土壤环境，形成了面积很大的盐生植被类型（王仁卿和周光裕，2000）。

因此，根据建群种类、生境等特征的不同，将山东植被划分为针叶林、阔叶林、竹林、灌丛、灌草丛、草甸、沙生植被、水生植被和沼泽 9 个植被型。每个植被型有不同的群系组成。表 5-2 将山东植被的主要类型列出并做简要说明。

第三节　山东特殊的植被类型概述

由于山东局部的地貌、气候、地理等组合不同，在山东地区能够见到一些与地理位置不匹配的植被类型；还由于人类活动的影响，也出现了一些以往没有或者很少见的植被类型；此外，由于生态保护力度的加强，一些原来不多见的植被类型分布范围也扩大了，相反，由于受干扰过度，有些类型和种类的多样性却在减少。

一、亚热带的植被类型

山东位于暖温带气候区，与之相适应的是暖温带落叶阔叶林。但在山东的鲁东南和鲁南地区，特别是在崂山等地，分布着自然或半自然的亚热带植被类型。现概述如下。

1. 山茶灌丛（*Camellia japonica* Formation）

山茶常见于浙江以南地区，是典型的亚热带常绿树种。但在崂山东南的长门岩岛上有天然分布。此外，在周边的岛屿，如在千里岩、大管岛等岛屿上过去也都有分布。长门岩岛的山茶灌丛被保护得较好，其他岛屿上的山茶灌丛则未得到有效的保护。从山茶的生长、繁殖等特征看，山茶应该是自然分布的类型。历史上，苏联专家曾经认为崂山一带是常绿阔叶林地带，主要依据就是山茶群落及红楠等种类的存在。

2. 乌桕群落（*Sapium sebiferum* Formation）

乌桕是亚热带落叶乔木。该群落见于青岛即墨区的西风山、王家山一带，面积不大，但树木高达 15～20m，胸径为 40～50cm，有些大树已生长了上百年，目前长势良好，且能够自然繁衍，林下小乔木和幼苗有很多。在山东南部的一些

表 5-2　山东植被主要类型一览表

植被型	群系 （或群系组）	亚群系	群丛	主要特征	分布	说明
针叶林	赤松林 （*Pinus densiflora* Formation）	分为 2 个亚群系：赤松纯林；赤松、麻栎混交林	可划分为 8~10 个群丛：主要有赤松-胡枝子-黄背草+羊胡子草群丛；赤松-山槐-黄背草群丛；赤松-花木蓝-黄背草+霞草群丛；赤松-荆条-黄背草群丛；赤松-羊胡子草群丛；赤松-算盘子-黄背草+结缕草群丛；赤松-酸枣+百里香-霞草+瓦松群丛；赤松+麻栎-荆条-黄背草群丛；赤松+麻栎-山槐-羊胡子草群丛	乔木层除赤松以外，偶有麻栎等阔叶树。50~60 年生的赤松高度可达 18~22m，郁闭度为 0.6~0.8。灌木和草本层的种类较丰富。灌木层的优势种类是胡枝子（*Lespedeza bicolor*）、山槐（*Albizia kalkora*）、花木蓝（*Indigofera kirilowii*）、荆条、扁担杆（*Grewia biloba*）、白檀（*Symplocos paniculata*）、三裂绣线菊（*Spiraea trilobata*）、盐肤木（*Rhus chinensis*）、野珠兰（*Stephanandra chinensis*）、三桠乌药（*Lindera obtusiloba*）、崖椒（*Zanthoxylum schinifolium*）、茅莓（*Rubus parvifolius*）、算盘子（*Glochidion puberum*）、百里香（*Thymus mongolicus*）等；草本层以黄背草、大油芒（*Spodiopogon sibiricus*）、地榆（*Sanguisorba officinalis*）、披针薹草（*Carex lancifolia*）、毛秆野古草（*Arundinella hirta*）、圆锥石头花（*Gypsophila paniculata*）、桔梗（*Platycodon grandiflorus*）、石竹（*Dianthus chinensis*）、结缕草（*Zoysia japonica*）、瓦松（*Orostachys fimbriata*）等。藤本植物有南蛇藤（*Celastrus orbiculatus*）、木防己（*Cocculus orbiculatus*）等	崂山华严寺、北九水、昆嵛山 3 分场、以及威海棉花山、文登天福山林场、海阳招虎山林场、鲁中南山地的莱芜、泰山地区有分布。典型的赤松、麻栎混交林见于崂山、大泽山反沂山等地	常见于海拔 500m 以下的阴坡、半阴坡和半阴坡，土壤为浅或中、厚层土，个别地段接近或超过 50cm，土壤为棕壤，pH 为 5~6。林下常见裸岩出露

续表

植被型	群系（或群系组）	亚群系	群丛	主要特征	分布	说明
针叶林	油松林（*Pinus tabuliformis* Formation）	分为 2 个亚群系：油松纯林；油松、侧柏混交林	可划分为 3~5 个群丛：主要有油松-胡枝子-大油芒+羊胡子草群丛；油松-三裂绣线菊-羊胡子草群丛；油松-映山红-野古草+羊胡子草群丛	乔木层主要是油松，有少量的麻栎、刺槐等阔叶树。50~100 年生的油松林高度可达 20m，郁闭度为 0.6~0.8。林下灌木和草本层的种类较丰富。灌木层的优势种类是胡枝子（*Lespedeza bicolor*）、花木蓝、大花溲疏（*Deutzia grandiflora*）、锦带花（*Weigela florida*）、扁担杆、山槐、三裂绣线菊（*Spiraea trilobata*）、郁李（*Cerasus japonica*）、牛奶子（*Elaeagnus umbellata*）、卫矛（*Euonymus alatus*）、连翘（*Forsythia suspensa*）、黄栌、鹅耳枥（*Carpinus turczaninowii*）、迎红杜鹃（*Rhododendron mucronulatum*）、绒毛胡枝子、苦参（*Sophora flavescens*）等。草本层以大油芒、羊胡子草、野古草等最常见，还有鸭跖草（*Commelina communis*）、紫花地丁（*Viola philippica*）、桔梗（*Platycodon grandiflorus*）、枣（*Ziziphus jujuba*）、杏叶沙参、北柴胡（*Bupleurum chinense*）、石竹（*Dianthus chinensis*）、霞草、萱草（*Hemerocallis fulva*）等。藤本植物有葛（*Pueraria lobata*）、南蛇藤、木防己（*Cocculus orbiculatus*）等	典型群落见于泰山前部中天门以上、北坡；沂山、蒙山的上部，组徕山上部、鲁山中上部等地	多见于海拔 700m 以上的阴坡、阳坡等，土壤为中层、厚层，厚度为 50~100cm，土壤为棕壤，pH 为 5~6。枯枝落叶层发育较好

续表

植被型	群系（或群系组）	亚群系	群丛	主要特征	分布	说明
针叶林	黑松林（Pinus thunbergii Formation）	有黑松 1 个亚群系	可划分为 6~8 个群丛：主要有黑松-胡枝子-野古草+羊胡子草群丛；黑松-荆条-胡枝子群丛；黑松-荆条-羊胡子草群丛；蕨-羊胡子草群丛；黑松-隐子薹+酸枣-油芒+羊胡子草群丛；黑松-花木蓝-黄背草群丛；黑松-扁担杆+茅莓-黄背草+羊胡子草群丛；黑松-紫穗槐群丛	乔木层主要是黑松，也有赤松、油松等混生，偶见麻栎、刺槐等阔叶树。30~50 年生的黑松高度可达 7~10m，郁闭度为 0.3~0.8。灌木层的优势种类是花木蓝、李（Prunus salicina）、大花溲疏（Deutzia grandiflora）、山槐、三裂绣线菊、崖椒（Zanthoxylum schinifolium）、胡枝子、兴安胡枝子、酸枣、茅莓（Rubus parvifolius）等。草本层有羊胡子草、野古草、霞草、隐子薹（Cleistogenes serotina spp.）、野艾（Artemisia argyi）、唐松草（Thalictrum aquilegifolium）、北柴胡（Bupleurum chinense）、蕨（Pteridium aquilinum var. latiusculum）等	在山东半岛沿海分布最普遍，在烟台、威海、青岛、日照沿海的沙质海滩上都有分布，是沿海防护林的主类型。此外，昆嵛山、崂山、大泽山及鲁中南山地都有分布	见于海拔 500m 以下的阴坡、半阴坡和阳坡。土壤为褐土，中厚层土，厚度为 30~50cm
	侧柏林（Platycladus orientalis Formation）	有侧柏 1 个亚群系	可划分为 3~5 个群丛：主要有侧柏-荆条+酸枣-白羊草+羊胡子草群丛；侧柏-黄护-鹅耳枥+羊胡子草群丛；侧柏-叶底珠-羊胡子草群丛	侧柏林的郁闭度通常不大，多为 0.3~0.7。高度也因年龄、土壤厚度等而异。乔木层很少有其他种类混生。林下灌木和草本种类的优势种是荆条、酸枣、白羊草等，草本层以白羊草多见，其他有羊胡子草等。在青州仰天山等地有树龄超过百年的侧柏林，高度可达 6~8m，郁闭度为 0.8。灌木层的优势种是黄护、连翘、兴安胡枝子、叶底珠（Securinega suffruticosa）、花木蓝、酸枣等。草本层以黄背草多见，其他有羊胡子草、霞草、隐子薹、蒿类等	鲁中南低山丘陵的右灰岩山地几乎到处都可以见。泰山、鲁山、蒙山、青州仰天山等地的侧柏林纹典型	土壤为褐土，薄层，厚度为 10~60cm，但多数不到 40cm

续表

植被型	群系（或群系组）	亚群系	群丛	主要特征	分布	说明
	华北落叶松林（Larix principis-rupprechtii Formation）	有1个亚群系	可划分为3~5个群丛：主要有华北落叶松-胡枝子-羊胡子草群丛；华北落叶松-白檀-宽叶薹草群丛；华北落叶松-映山红-羊胡子草群丛	纯林30~40年生，郁闭度为0.7~1.0。乔木层主要是华北落叶松，混有日本落叶松（Larix kaempferi），灌木层主要有胡枝子、白檀、迎红杜鹃、郁李、茅莓、桦叶绣线菊（Spiraea betulifolia）、金刚鼠李（Rhamnus diamantiaca）等。草本有羊胡子草、宽叶薹草（Carex siderosticta）、唐松草（Thalictrum aquilegifolium var. sibiricum）、防风（Saposhnikovia divaricata）、狼尾草（Pennisetum alopecuroides）、金针菜（Hemerocallis citrina）等	典型群落见于崂山北九水、崂山顶部	花岗岩坡积母质上发育的厚层棕壤土，沙壤至轻壤质，pH为5.5
针叶林	其他针叶林			有华山松（Pinus armandii）林、水杉（Metasequoia glyptostroboides）林、杉木（Cunninghamia lanceolata）林、红松（Pinus koraiensis）林、樟子松（Pinus sylvestris var. mongolica）林、日本花柏（Chamaecyparis pisifera）林、池杉（Taxodium ascendens）林和落羽杉（Taxodium distichum）林、马尾松（Pinus massoniana）林、白皮松（Pinus bungeana）林等	在邹城峄山、崂山、泰山、鲁山、蒙山等地有零星栽培	土壤条件通常较好

续表

植被型	群系（或群系组）	亚群系	群丛	主要特征	分布	说明
阔叶林	麻栎林（Quercus acutissima Formation）	有2个亚群系：麻栎林、麻栎矮林	可划分为4~6个群丛：主要有麻栎-荆条-野古草+羊胡子草群丛；麻栎-胡枝子羊胡子草群丛；麻栎-花木蓝-羊胡子草群丛；麻栎（-白檀）-羊胡子草群丛	40~60年生的群落高度为8~12m，郁闭度为0.5~0.7，乔木、灌木和草本3个层次明显，枯枝落叶层3~5cm。组成群落的优势种类主要是麻栎，其他伴生种类还有栓皮栎、赤松等。灌木层的常见种类除了胡枝子外，还有花木蓝、白檀、小叶鼠李（*Rhamnus parvifolia*）、崖椒（*Zanthoxylum schinifolium*）、郁李、山楂等。草本层的常见种类有30余种，主要有羊胡子草、野艾（*Artemisia argyi*）、黄背草、大油芒、地榆（*Sanguisorba officinalis*）、荻（*Triarrhena sacchariflora*）、射干（*Belamcanda chinensis*）、桔梗（*Platycodon grandiflorus*）、石竹（*Dianthus chinensis*）、苦荬菜（*Ixeris polycephala*）、蕨等	大泽山大牛栏、泰山红门、崂山下清宫、崂山、沂山、昆嵛山、蒙山、牙山等地有典型群落分布。在山东半岛等地经常用麻栎（柞树）养柞蚕，每年欲伐，形成矮林。孔林有高大的半自然麻栎林	见于山地阴坡和半阳坡。土壤为棕壤、粗骨性棕壤，地表有岩石出露
	栓皮栎林（Quercus variabilis Formation）	有1个亚群系	可划分为5~7个群丛：主要有栓皮栎-荆条+胡枝子-羊胡子草群丛；栓皮栎-山槐-黄背草+羊胡子草群丛；栓皮栎-花木蓝-黄背草群丛；栓皮栎-细梗胡枝子-黄背草-锦带花-羊胡子草群丛	群落高度为9~12m，垂直结构发育一般，可以分出3个层次。组成群落的种类较丰富。乔木层除了栓皮栎以外，还有麻栎、黄连木（*Pistacia chinensis*）、赤松、油松等。灌木层的常见种类以胡枝子、荆条为主，还有山槐、花木蓝、紫珠（*Callicarpa bodinieri*）、郁李、卫矛（*Euonymus alatus*）等。草本层的常见种类有30余种，主要有羊胡子草，以及黄背草、野古草、霞草、射干（*Belamcanda chinensis*）、石竹（*Dianthus chinensis*）、红根草（*Lysimachia fortunei*）等。藤本植物有菝葜（*Smilax china*）、南蛇藤、扶芳藤（*Euonymus fortunei*）等	典型群落见于崂山下清宫、崂山顶山南坡、昆嵛山品姑庙、烟霞洞、泰山扇子阳观，以及大泽山等地	立地条件中等，为粗骨性棕壤，厚度大于30cm，地表偶尔有岩石出露，枯枝落叶层很薄

续表

植被型	群系（或群系组）	亚群系	群丛	主要特征	分布	说明
阔叶林	短柄枹栎林（Quercus serrata var. brevipetiolata Formation）			短柄枹栎（Quercus serrata var. brevipetiolata）多成丛生长，种类组成比较简单，伴生种有麻栎、槲栎（Quercus aliena）、紫椴（Tilia amurensis）等，还有少量赤松散生其间。灌木多花木蓝、胡枝子、山槐、卫矛等。草本有羊胡子草、宽叶薹草（Carex siderosticta）、黄背草、地榆、北柴胡等	零星地分布于半岛低海拔的阳坡，如昆嵛山、崂山、正棋山都有分布	多见于海拔400m以下地区，所在地土壤为棕壤
	槲栎林（Quercus aliena Formation）			槲栎（Quercus aliena）较少形成单一的群落，大多与麻栎、栓皮栎、赤松、油松等混生在一起。在海拔较高的地方还保留块状纯林或混交林	崂山、昆嵛山、济南小娄峪连合山有分布	
	槲树林（Quercus dentate Formation）			少见纯林。在人为活动影响较小的山地可形成纯林，伴有栓皮栎、短柄枹栎、槲栎等。灌木、胡枝子、花木蓝、荆条等。草本层的种类主要为羊胡子草、油芒、白羊草等	各山区都有分布。典型群落见于崂山下清宫	土壤比较瘠薄，多为花岗岩和片麻岩风化后发育的棕壤上
	以紫椴、辽椴为主的杂木林（椴树林）（Tilia amurensis + Tilia mandshurica Formation）			群落高度为6~10m。乔木层以紫椴（Tilia amurensis）、辽椴（Tilia mandshurica）为主，其次是色木槭（Acer mono）、千金榆（Carpinus cordata）、辽东桤木（Alnus sibirica）、赤松等。灌木层有天女花（Viburnum dilatatum）、盐肤木、胡枝子、照山白、三裂绣线菊、三桠乌药（Lindera glauca）、三桠乌药（L. obtusiloba）、山胡椒（L. erythrocarpa）、白檀、紫珠等。草本层常见羊胡子草、阔叶苔草、野古草、地榆、蕨等。林中还是羊种多种藤本植物，如葛、木防己、南蛇藤、狗枣猕猴桃（Actinidia kolomikta）等	在半岛东部见于艾山、牙山、伟德山、崂山、小珠山等地。典型的椴树林见于莱艾山和荣成的伟德山、鲁山。鲁中南部则见于德山、鲁山地上部也有少量分布	该群系常见于阴坡沟谷。半岛东部多分布在海拔300~500m之间，在半岛南部则见于海拔500m以上

续表

植被型	群系 (或群系组)	亚群系	群丛	主要特征	分布	说明
阔叶林	以水榆花楸为主的杂木林 (Sorbus alnifolia Formation)			乔木层的郁闭度为0.4~0.8,高度为8~15m。除水榆花楸(Sorbus alnifolia)外,还有山槐、苦树(Picrasma quassioides)、皂荚(Gleditsia sinensis)、臭椿(Ailanthus altissima)、刺楸(Kalopanax septemlobus)等。灌木层有鹅耳枥(Carpinus turczaninowii)、坚桦(Betula chinensis)、白檀、大花溲疏(Deutzia grandiflora)、胡枝子、三裂绣线菊、紫珠、三桠乌药、盐肤木等。常见的草本植物有羊胡子草、野古草、荻等	多见于山东半岛。分布在昆嵛山的这种杂木林最典型,在威海的正棋山、崂山等北九水等地也有分布	常出现在山地的半阴坡和谷地
	以小叶朴、山合欢为主的杂木林(Celtis bungeana +Albizia kalkora Formation)			群落高度为5~7m。郁闭度为0.6~0.8。乔木层除小叶朴(Celtis bungeana)、山合欢(Albizia kalkora)以外,还有少量的黄连木、大果榆(Ulmus macrocarpa)等。灌木层的优势种类是荆条、酸枣、胡枝子、扁担杆、叶底珠、欧李(Cerasus humilis)等。草本植物有羊胡子草、铁线莲(Clematis florida)等	该群落见于济南市长清区小娄峪莲台山林区	常生于山地半阴坡,母岩为石灰岩和页岩,土壤为褐土

续表

植被型	群系（或群系组）	亚群系	群丛	主要特征	分布	说明
阔叶林	以黄连木、栾树为主的杂木林（Pistacia chinensis+Koelreuteria paniculata Formation）			乔木层主要有栾树、黄连木和元宝槭（Acer truncatum），在平缓的地方有椴、枫杨（Pterocarya stenoptera）等，还有苦树（Picrasma quassioides）、山胡椒，灌木层的种类有黄栌、山合欢、卫矛、扁担杆、胡枝子、山绿柴（Rhamnus brachypoda）、荆条等，藤本植物有南蛇藤、络石（Trachelospermum jasminoides）、菝葜（Smilax china）等。草本层常见的植物种类有羊胡子草、宽叶薹草、荩草（Arthraxon hispidus）、蕨等	典型群落见于枣庄桃接园和济南市长清区小娄峪等地。在山东半岛的各大山地也有零星分布。曲阜孔林的黄连木林为半自然的人工林	分布在山地的西坡和西南坡，母岩为石灰岩、下母岩为石灰岩和页岩，土壤为褐土
	以鹅耳枥为主的杂木林（Carpinus turczaninowii Formation）			鹅耳枥一般生长低矮，呈灌丛状，但也可长成高大的乔木，形成小面积的森林。其高度可达20~25m，平均胸径为35~50cm，甚至在50cm以上。乔木层中除鹅耳枥以外，还有苦木、臭椿、黄连木、千金榆（Carpinus cordata）等。灌木层有黄栌、荆条、胡枝子等。草本植物常见的是羊胡子草、绣线菊、黄背草、野菊（Dendranthema indicum）等	零星分布。青州仰天山上部有鹅耳枥高大纯林，威海正棋山也有少量分布	母岩多为石灰岩，土壤为褐土
	刺槐林（Robinia pseudoacacia Formation）	可分为山地刺槐林、平原和河漫滩刺槐林		为半自然状态的人工林。林下灌木有荆条、酸枣、小叶鼠李、兴安胡枝子、扁担杆、紫穗槐等。草本植物主要是旱中生种类，如黄背草、羊胡子草、京芒草（Achnatherum pekinense）等。平原地区的刺槐林结构简单，林下灌木草本稀疏，通常不能形成明显的层次	刺槐林相当普遍，是目前面积最大的落叶阔叶林	土壤为棕壤、褐土等；在平原地区多为潮土等

续表

植被型	群系（或群系系组）	亚群系	群丛	主要特征	分布	说明
阔叶林	毛白杨林（Populus tomentosa var. tomentosa Formation）			多纯林，或者与刺槐混交，单层林冠。林下植物稀少，除紫穗槐以外，林中一般无灌木层。林下草本植物以狗尾草（Setaria viridis）、牛筋草（Eleusine indica）、小蓟（Cirsium setosum）、乳苣（Mulgedium tataricum）、节节草（Equisetum ramosissimum）、扁蓄（Polygonum aviculare）等最常见	主要分布于黄泛平原区	
	旱柳林（Salix matsudana Formation）			多为纯林。林下灌木偶有紫穗槐、杞柳等。草本有芦苇（Phragmites australis）、白茅（Imperata cylindrica）、野大豆（Glycine soja）、鸦葱（Scorzonera austriaca）、狗尾草、盐地碱蓬（Suaeda salsa）等	主要分布在章丘黄河林场、东营黄河口新淤滩地有小片间断分布的旱柳林	
	枫杨林（Pterocarya macroptera Formation）			林龄一般在50年以上。林下灌木较少，常见的种类有胡枝子、扁担杆、茅莓（Rubus parvifolius）、卫矛、小野珠兰（Stephanandra incisa）等。草本植物主要是喜湿种类，以知风草（Eragrostis ferruginea）、地榆（Sanguisorba officinalis）、拳参（Polygonum bistorta）、杠板归（Polygonum perfoliatum）等多见	分布于胶东丘陵和鲁中南山地的山沟和河滩，海拔600m以下分布较多，呈带状分布	土壤为坡积粗骨质壤土，有机质丰富
	其他人工林			有赤杨（Alnus japonica）林、榆（Ulmus pumila）林、楸（Catalpa bungei）林等	各地栽培而成	

续表

植被型	群系 （或群系组）	亚群系	群丛	主要特征	分布	说明
竹林	淡竹林 （Phyllostachys glauca Formation）			淡竹林的种类组成非常简单，河谷地带的竹林中偶尔散生枫杨等种类。常见的林下灌木有二色胡枝子、野蔷薇（Rosa multiflora）、野珠兰（Stephanandra chinensis）、扁担杆等，草本有水蓼（Polygonum hydropiper）、鸭跖草（Commelina communis）、车前（Plantago asiatica）、小蓟（Cirsium setosum）、鬼针草（Bidens pilosa）、紫花地丁（Viola philippica）等种类	崂山下清宫、苍山县铁角山、泰安市大津口、海阳丛麻院、鲁山等地的竹园最著名	大多在村落附近及庙宇、公园周围，土层深厚湿润，向阳避风
	毛竹林 （Phyllostachys edulis Formation）			种类组成和群落结构比较简单，河谷地带的竹林中偶尔散生枫杨，剌槐等种类。灌木仅有少量的荆条、花木蓝、二色胡枝子、野珠兰等，草本有水蓼、车前、小蓟、鸭跖草、狗尾草、鬼针草、龙芽草（Agrimonia pilosa）、龙葵（Solanum nigrum）、香附子（Cyperus rotundus）等种类	半岛南部沿海及沂河、沭河下游等地都栽培毛竹林，其中崂山、日照、莒南等地的毛竹生长良好。典型崂山王哥庄的姜家村	分布在平原到海拔700m（泰山竹林寺）以下的山谷、河岸阶地等，土层深厚、湿润、排水好、向阳避风的地方

续表

植被型	群系（或群系组）	亚群系	群丛	主要特征	分布	说明
灌丛	山茶灌丛（Camellia japonica Formation）		可分为山茶+大叶胡颓子群丛；黑松+刺槐-山茶+大叶胡颓子群丛；刺槐-山茶群丛	山茶常和大叶胡颓子、黑松、刺槐等伴生，成丛状分布。群丛中常见有藤本植物，如扶芳藤（Euonymus fortunei）、木防己、爬山虎（Parthenocissus tricuspidata）、枸杞（Lycium chinense）等；草本植物常见种类为蓬子菜（Galium verum）、野菊（Dendranthema indicum）、野艾蒿（Artemisia lavandulaefolia）、市藜（Chenopodium urbicum）、狗尾草、芦苇、鹅观草（Roegneria kamoji）、茵陈蒿（Artemisia capillaris）、鸭跖草（Commelina communis）、杠板归、酸模叶蓼（Polygonum lapathifolium var. lapathifolium）（原变种）等	在长门岩岛南北坡均有分布	土壤较为贫瘠
	大叶胡颓子灌丛（Elaeagnus macrophylla Formation）			在崂山附近的岛屿上常与山茶（Camellia japonica）混生，在陆地的山坡上则与其他种类形成群落	零星分布于崂山东南麓临海的低山阴坡下部及附近沿海岛屿上。另外，在荣成鸡鸣岛、胶南的灵山岛上也有自然分布	生长于水分条件好、土层深厚、有机质含量较高的山坡上

续表

植被型	群系（或群系系组）	亚群系	群丛	主要特征	分布	说明
灌丛	盐肤木灌丛（Rhus chinensis Formation）			与其伴生的种类有黄檀（Dalbergia hupeana）、臭椿（Ailanthus altissima）、刺楸（Kalopanax septemlobus）、山樱桃（Cerasus tomentosa）、水榆花楸、郁李、桦叶绣线菊（Spiraea betulifolia）、二色胡枝子、白檀、荆条、花木蓝等。草本有狼尾花（Lysimachia barystachys）、绶草（Spiranthes sinensis）、披针薹草、红根草等	分布在昆嵛山、崂山、艾山、牙山等较高山体的阴坡沟沟谷中	在山东半岛的山地丘陵地带及鲁中南山地沟谷中多有分布，一般散生，不成林
	荆条灌丛（Vitex negundo var. heterophylla Formation）			群落一般高度为80~120cm，盖度50%~100%。常有酸枣、扁担杆等伴生。草本层常见的是黄青草、白羊草和蒿属（Artemisia sp.），以及羊胡子草、南山堇菜（Viola chaerophylloides）、委陵菜（Potentilla chinensis）、结缕草等	荆条灌丛在崂山、泰山、济南南部山区等常形成纯种灌丛	在海拔为300~400m 低山丘陵土壤贫瘠处多见
	白檀灌丛（Symplocos paniculata Formation）			高度为1~2m。盖度为40%~60%。伴生的灌木多见胡枝子、粉团蔷薇（Rosa multiflora var. cathayensis）、荚蒾、天目琼花（Viburnum opulus var. calvescens）、野珠兰、华山矾（Symplocos chinensis）等。草本植物以羊胡子草占优势，还有败酱（Patrinia scabiosaefolia）、地榆等	分布于胶东丘陵的崂山和昆嵛山，以及大泽山、牙山等地	多在海拔为400~600m 的阴坡和半阴坡上生长
	胡枝子灌丛（Lespedeza bicolor Formation）			常成丛状分布，盖度为40%~50%，90%~100%。伴生灌木植物有多种绣线菊（Spiraea spp.）、白檀、照山白、悬钩子、卫矛、锦带花等，草本层主要是野古草、羊胡子草、地榆、北柴胡（Bupleurum chinensis）等	主要分布在山山地和丘陵上部阴坡的空旷地带	常见于山地顶部和沟谷中土壤深厚肥沃地段

续表

植被型	群系（或群系组）	亚群系	群丛	主要特征	分布	说明
灌丛	绣线菊灌丛（Spiraea salicifolia Formation）			主要建群种为华北绣线菊（Spiraea fritschiana）、三裂绣线菊（S. trilobata）、桦叶绣线菊（S. betulifolia）等，伴生植物为黄栌、三桠乌药、多花蔷薇（Rosa multiflora）、白檀、照山白等	主要分布在山东半岛低山丘陵和鲁中南山地	多分布在海拔较低的阴坡或沟谷中
	黄栌灌丛（Cotinus coggygria Formation）			一般高度为1~5m，盖度在70%左右。伴生种类有荆条、胡枝子、大花溲疏（Deutzia grandiflora）、三桠绣线菊、连翘、扁担杆、酸枣等；草本主要有羊胡子草、隐子草、黄背草、龙芽草（Agrimonia pilosa）、小蓬草（Conyza canadensis）等	济南龙洞、青州仰天寺和杨集等地都有和杨集等地有保存良好的黄栌灌丛	在山东省分布于低山丘陵区，多见于石灰岩山丘地的阳坡
	鹅耳枥灌丛（Carpinus turczaninowii Formation）			群落高度多为3~5m，盖度为80%~100%，伴生种类有胡枝子、连翘、黄栌、卫矛、大花溲疏等，野古草、草松草等本层主要种是羊胡子草、地榆、唐松草等	较典型的群落见于威海正棋山	多分布于由石灰岩母质组成的低山丘陵、阴坡或半阴坡
	柽柳灌丛（Tamarix chinensis Formation）			高度为1~2m，盖度为30%~60%；草本植物有盐蒿（Artemisia halodendron）、碱蓬、猪毛菜（Salsola collina）、獐毛（Aeluropus sinensis）、芦苇、白茅、野大豆等，种类因土壤盐分不同而异	大面积分布于黄河三角洲、渤海、黄海沿岸盐碱地和鲁西北内陆沙滩和低洼连的盐碱地上	生长在沙滩和低洼连的盐碱地上

续表

植被型	群系（或群系组）	亚群系	群丛	主要特征	分布	说明
灌丛	迎红杜鹃灌丛（*Rhododendron mucronulatum* Formation）			灌丛高 1~2m，盖度为 30%~40%，个别地段为 50%~100%。伴生灌丛中有牛叠肚（*Rubus crataegifolius*）、白檀、桦叶绣线菊、胡枝子、三桠乌药、三裂绣线菊等。草本植物也以莎草科、菊科、毛茛科、唇形科等种类为主	胶东丘陵海拔 500m 以上的阴湿生境多见，如崂山顶、昆嵛山上部、艾山、牙山、大泽山、五莲山等	生长环境降水量丰富，大气湿度较高，土壤条件好，为酸性标壤，土层深厚
	黄檀灌丛（*Dalbergia hupeana* Formation）			灌丛高 2~3m，偶见 5m 高的小乔木，盖度为 50%~70%	主要见于大珠山，留有人工砍伐的痕迹	分布于山上部光照充足处，土壤较深厚
	山合欢灌丛（*Albizia kalkora* Formation）			灌丛高 3~5m，盖度为 60%~70%	在大珠山有成片分布	分布于山上部光照充足处，土壤较深厚
	其他灌丛			有榛（*Corylus heterophylla*）灌丛、杞柳（*Salix integra*）灌丛、紫穗槐（*Amorpha fruticosa*）灌丛、白蜡树（*Fraxinus chinensis*）灌丛等	见于各地，零星分布或栽培	
灌草丛	黄背草灌草丛（*Themeda japonica* Formation）		可分为荆条-黄背草群落；三桠绣线菊-黄背草群落	高度为 80~100cm，盖度为 50%~80%。灌木层中以荆条最多，也有少量的酸枣、胡枝子、百里香（*Thymus mongolicus*）等。草本层主要是黄背草、白羊草、野青茅（*Deyeuxia arundinacea*）、野古草和蒿属（*Artemisia sp.*）、荩草、隐子草、羊胡子草、翻白草、结缕草、中华卷柏（*Selaginella sinensis*）等	在鲁东丘陵、鲁中南山地丘陵地区都可见到	常见于山地的阴坡、半阴坡或阳坡，土壤深厚或土层厚度为 30~50cm

续表

植被型	群系（或群系组）	亚群系	群丛	主要特征	分布	说明
灌草丛	白羊草灌草丛（Bothriochloa ischaemum Formation）		可分为荆条-白羊草群落；荆条、酸枣-白羊草群落	植物种类较贫乏，群落结构简单，群落盖度低，为20%~40%。草本层高 50~80cm，白羊草占有绝对的优势，还有黄背草、荩草、隐子草、翻白草、结缕草等；细柄草（Capillipedium parviflorum）、结缕草等灌木有荆条、酸枣、小叶鼠李（Rhamnus parvifolia）、兴安胡枝子等	常见于鲁东丘陵、鲁中南山区阳坡干燥处	位于山地的阳坡或半阳坡，在海拔200~400m的丘陵上多见。土层岩面积大，土石灰岩滩薄，在石灰岩山区分布面积最大
	其他灌草丛			京芒草灌草丛、野古草灌草丛等		
草甸	结缕草草甸（Zoysia japonica Formation）			以结缕草为建群种，组成群落的植物种类较贫乏，大多数为耐旱或中生植物种类。群落高度为15~25cm。群落总盖度为65%~95%	分布范围较小，主要分布在森林或灌丛被破坏环的低山丘陵上部	主要分布于山地上部，土壤较好
	狗牙根草甸（Cynodon dactylon Formation）			建群种为狗牙根，常由白茅及一年生的植物组成。在地形稍低和积水的地方还有一些湿中生种类	主要分布于鲁南四湖岸边、鲁西沿黄河大堤两侧和沿湖地区	土壤为沼泽化草甸土
	芦苇草甸（Phragmites australis Formation）			伴生种类为荻、黑三棱（Sparganium stoloniferum）、香蒲（Typha orientalis）等，在黄河三角洲的芦苇草甸经常见到野大豆缠绕在其茎秆上	见于平原和沟谷、河谷地带，黄河三角洲较典型	主要分布于海拔2m左右的低洼地上

续表

植被型	群系（或群系组）	亚群系	群丛	主要特征	分布	说明
草甸	白茅草甸（Imperata cylindrica Formation）			以白茅为优势种类的单优群落。在农田、路边则通常有一年生的杂草混生。在黄河三角洲地区，本类型主要分布于土壤含盐量低的地段，伴生种类有芦苇、野大豆、鸦葱（Scorzonera austriaca）等	见于山东各地，在平原、山地、路边等农田，有分布。在黄河三角洲多见	主要分布于海拔3m左右的平地上，土壤一般为轻盐化潮土
	獐毛草甸（Aeluropus sinensis Formation）			群落高度为5~10cm。总盖度为40%~80%。有芦苇、中华补血草（Limonium sinense）及盐地碱蓬等	见于黄河三角洲及其他滨海地区	分布于海拔2m左右的低平地，土壤含盐量为0.5%~0.9%
	盐地碱蓬草甸（Suaeda salsa Formation）			群落高度为30~50cm，个别达70~80cm。大多数为单种群落，在少数地方伴生有中华补血草、蒙古鸦葱（Scorzonera mongolica）等	在黄河三角洲等海地区多见，土壤含盐量高。其他滨海盐碱地也有	分布于海拔小于1.8m的低平洼地上，土壤含盐量为1.0%~1.2%
	其他草甸			大籽蒿（Artemisia sieversiana）草甸、罗布麻（Apocynum venetum）草甸、中华补血草草甸、蒙古鸦葱草甸等		
海岸砂生植被	筛草群落（Carex kobomugi Formation）			伴生种有肾叶打碗花（Calystegia soldanella）、海滨香豌豆（Lathyrus maritimus）、兴安天门冬（Asparagus dauricus）、筐筒苫荬菜（Ixeris repens）、珊瑚菜（Glehnia littoralis）、租毛鸭嘴草（Ischaemum barbatum）等。群落总盖度为50%~60%	山东有特色的自然植被，从莱州一直到日照海滩都有分布	是滨海沙滩裸地上的先锋植物群落，主要分布在高潮线上缘沙地上

续表

植被型	群系（或群系组）	亚群系	群丛	主要特征	分布	说明
	滨麦群落（Leymus mollis Formation）			常为单优群落，偶见筛草、海滨香豌豆、单叶蔓荆（Vitex trifolia var. simplicifolia）等。群落总盖度超过60%		分布在地势较平坦地区，含盐量为0.2%左右
	粗毛鸭嘴草+补血草群落（Ischaemum barbatum + Limonium sinense Formation）			粗毛鸭嘴草（Ischaemum barbatum）簇生或呈团块状分布。伴生种类有紫花补血草（Limonium tenellum）、海滨香豌豆、肾叶打碗花（Calystegia soldanella）、兴安天门冬（Asparagus dauricus）和兴安胡枝子等		分布在距潮间带最远地势缓升处。土壤含盐量为0.15%~0.2%
海岸砂生植被	白茅群落（Imperata cylindrica Formation）			群落总盖度大，一般在80%以上，有明显的单优群落的特点，与之伴生的只有零星筛草、芦苇、海滨香豌豆	山东有特色的自然植被，从莱州一直到日照海滩都有分布	距离潮间带最远
	砂引草群落（Tournefortia sibirica Formation）			常与矮生薹草（Carex pumila）、肾叶打碗花、筛草等混生，群落盖度为20%~40%		见于砂岸的内侧，含盐量为0.2%~0.3%
	珊瑚菜+肾叶打碗花+香豌豆群落（Glehnia littoralis + Calystegia soldanella + Lathyrus odoratus Formation）			在筛草群落的外侧，共建种是珊瑚菜、肾叶打碗花和海滨香豌豆等		分布于砂岸地势较平坦处

续表

植被型	群系（或群系组）	亚群系	群丛	主要特征	分布	说明
海岸砂生植被	单叶蔓荆群落（Vitex trifolia var. simplicifolia Formation）			群落总盖度为70%~100%，高度为0.5~1.0m。单叶蔓荆（Vitex trifolia var. simplicifolia）占绝对优势，偶有筛草、海滨香豌豆、肾叶打碗花（Calystegia soldanella）等分布于群落的稀疏地段		是海岸带砂地上分布面积最大的天然灌木群落，分布于砂岸的外缘和地形较高处
	玫瑰群落（Rosa rugosa Formation）			野玫瑰为珍稀濒危植物，是海岸砂生植被重要的建群种。群落组成简单，群种有兴安胡枝子、单叶蔓荆，总盖度为40%~50%，伴生种类有筛草、涝麦等	山东有特色的自然植被，从莱州一直到日照海滩都有分布	距离潮间带较远，呈斑块状分布，含盐量为0.2%左右
	人工银白杨群落（Populus alba Formation）			除银白杨以外，还有单叶蔓荆、筛草等		见于砂滩外缘距离海较远处
	人工黑松群落（Pinus thunbergii Formation）			40~50年生的黑松高达10m以上，群落基本达到郁闭状态。林下除紫穗槐为人工种植的种类以外，其他种类都是砂地上常见的，如白茅、白刺、兴安胡枝子等。还有麻栎、扁担杆、牛奶子等（Elaeagnus umbellata）等		是砂质海岸上最常见的人工林，在整个沿海砂岸上都可见到
水生植被	漂浮植物群落			有浮萍（Lemna minor）群落、紫萍（Spirodela polyrrhiza）群落、凤眼莲（Eichhornia crassipes）群落等	在南四湖多见且典型	分布于各地池塘、沟渠、稻田，在湖泊中的分布则多于湖岸

续表

植被型	群系 (或群系组)	亚群系	群丛	主要特征	分布	说明
水生植被	沉水植物群落和浮水植物群落			苦草+水鳖群落、野菱(*Trapa incisa*)+芡实(*Euryale ferox*)群落、狐尾藻(*Myriophyllum verticillatum*)群落、金鱼藻(*Ceratophyllum demersum*)、黑藻(*Hydrilla verticillata*)群落等	在南四湖多见且典型	在各地池塘、静水沟中极为常见
	挺水植物群落			莲(*Nelumbo nucifera*)群落、菰(*Zizania latifolia*)群落等	在南四湖多见且典型	
沼泽植被	芦苇沼泽 (*Phragmites australis* Formation)			芦苇为单优势种,生长良好,植株高达3~5m,盖度可达90%以上	在南四湖、东平湖、麻大湖、白云湖等地分布最集中和典型。在平原积水洼地和黄河三角洲滨海地区也有分布	地表常年积水,水深在1m以下,发育丁典型的沼泽土
	菰沼泽 (*Zizania latifolia* Formation)			群落呈黄绿色,群落高1.5~2.5m,群落盖度为30%~80%	在南四湖分布的菰沼泽最典型和广阔	
	香蒲沼泽 (*Typha orientalis* Formation)			在湖泊、池塘、河沟等处分布。常密集生长		

村落也能见到散生的大树。目前该群落作为特殊种质资源已经被青岛市确定为重点保护种质资源。

3. 黄檀群落（*Dalbergia hupeana* Formation）

黄檀也是亚热带树种，在山东零星分布，但也有成林。典型的黄檀群落见于青岛大珠山，面积也不大，成片出现的是灌丛状的群落，其中散生着大乔木，高度为5～10m，胸径为25～30cm。目前其也作为重要种质资源被保护。

除了以上几个类型以外，山东南部还有黄连木群落等。此外，人工栽培的茶园、竹园更多，对这些树种都需要加强保护措施。而自然植被类型则不需要特殊的保护措施。

二、外来种为建群种的植被类型

历史上山东曾经先后被德国、日本等国侵占，他们分别将刺槐和黑松引入青岛。目前刺槐和黑松遍布山东各地，而且以刺槐和黑松为建群种的森林植被是目前山东分布面积最广的针叶林和落叶林。人们对于刺槐和黑松的看法一直存在争议，尽管目前尚未发现严重的生态问题，还是应当对它们加强研究、调查和监测。

火炬树是山东又一个种植范围很广的外来树种，尤其在荒山秃岭地区种植得更普遍。火炬树的生态入侵问题已经引起了专家的注意。

此外，外来的凤眼蓝（*Eichhornia crassipes*）、喜旱莲子草（*Alternanthera philoxeroides*）、互花米草（*Spartina alterniflora*）等种类在山东各地广泛分布，尤其在湖泊、池塘、河道等处常见，甚至形成单优种群落，生态入侵问题已经很明显，但对其关注程度还不够，应当尽可能避免其分布范围扩展和造成更大的生态入侵。

三、近年来扩大或缩小范围的植被类型

由于最近十多年来的封山育林措施和生态保护力度的加大，以往分布范围小和长势一般的植物群落近几年发生了明显变化。最典型的为迎红杜鹃灌丛（*Rhododendron mucronulatum* Formation），二三十年前，在山东，特别是山东半岛的各山地都可见到该灌丛，但其面积都不太大，近十几年该群落在五莲山、崂山、牙山、昆嵛山等地繁衍迅速，4月初盛花开放令人赏心悦目。

也有一些类型，如算盘子（*Glochidion puberum*），三十多年前在日照岚山等地有分布，并且其能在局部形成灌丛。但这次调查却没有发现其成片的群落，只是偶见零星分布。

四、沙 生 植 被

　　沙生植被是山东植被中重要的自然类型，对于防风固沙和海岸带安全极其重要。山东海岸线长，砂质海岸分布面积较大，其上分布着沙生植被，如野生玫瑰灌丛、单叶蔓荆灌丛等，很有特色。但由于旅游和房地产的开发，这些类型已经很少见到，甚至有灭绝的危险，这种情况应当引起有关部门的重视。

第四节　山东植被资源的保护和合理利用

一、植被资源的保护

　　植被是地球上最重要的自然资源，是人类赖以生存的、不可替代的物质和生活资源，也是其他生物多样性形成和发展的基础，其重要性不言而喻（宋永昌，2017；van der Maarel and Franklin，2017）。首先，植被是生物多样性的物种和基因库，植物群落不仅汇集了植物种质资源，也为动物提供了食物及栖息地，以森林、湿地、荒漠等为对象的自然保护区的建立和发展离不开植被，植被一旦被破坏，与之相应的生物多样性和基因也将受到破坏。其次，植被是生态系统的生产者，其作为主体担负着生态系统的服务功能，所以植被在维持和改善人类生存环境方面具有不可替代的作用。最后，植被是土地基本属性的综合反映，是生态保护、生态恢复和建设的基础，是"绿水青山"的具体体现，植被如果被破坏，"绿水青山"也将受到破坏，全球变化中最明显的陆地变化就是植被的变化，生态恢复中的关键和重要的内容就是植被恢复。此外，植被在自然资源保护管理和可持续利用、军事等方面都具有重要意义和价值。

　　因此，科学、合理地保护好植被资源，是植被利用的基础。目前植被保护的最佳途径是建立各种自然保护区。根据现有统计，目前山东有国家级保护区 7 个，省级保护区 38 个，这些都是自然保护区的主体，此外，还有市（县）级保护区 33 个。7 个国家级保护区中，有 2 个是地质和自然遗迹类保护区，其他 5 个，如昆嵛山国家级自然保护区、山东黄河三角洲国家级自然保护区等，都与植被的保护密切相关，在保护生物多样性方面发挥了重要作用。但是从国家生态文明建设的高度，从保护好"绿水青山"的角度看，山东的自然保护区还存在着很多问题，如布局不合理、管理不到位、基础研究缺乏等。因此，通过国家环保督察和绿盾行动，加强自然保护区的建设迫在眉睫。一是完善机构，确保有人管理，有名有实，发挥作用；二是加强基础研究，摸清植被的基本情况，这是自然保护区建立的基底；三是建立相关规章制度，使植被和生物多样性保护有法律法规依据；四是建立重要物种的种质资源保护地和物种库，等等。

二、植被资源的利用

山东地处我国暖温带南部，自然条件比较复杂，植物种类繁多，植被类型多样。根据《山东植物志》（陈汉斌等，1990，1997）的初步统计，山东省各类资源植物共有 2000 余种；山东的植被类型包括针叶林、落叶阔叶林等九大类型和上百个群系，其中有些是重要的和有特色的资源，如落叶栎林、杂木林、亚热带植物群落类型、沙生植被等，但总的来说，目前还缺少相应机制和措施。资源植物的分布与植被类型的分布有密切的联系。在种类组成上，以华北植物区系成分为主。山东半岛还分布有一些亚热带植物区系成分和东北植物区系成分，如山茶、化香树、山胡椒、坚桦、毛榛、朝鲜苍术等。在崂山、昆嵛山、泰山等地，还可见到少量的山东特有成分，如烟台翠雀、山东银莲花、青岛百合等。从资源植物在省内的分布特点来看，在山区的分布多于平原，在沿海地区的分布多于内陆地区，胶东半岛的植物种类最为丰富，鲁中南山地丘陵次之，鲁西北平原地区最少。各种资源植物包括药用、食物、木材、纤维等多种类型，但能够形成开发的类型并不多。因此目前仍应以保护为主，适当利用。

从"绿水青山就是金山银山"和生态服务功能的意义讲，对植被资源的最大限度的利用就是发挥其生态服务价值。

三、山东森林植被的恢复与重建

如前所述，受全球变化的影响，以及长期、频繁、剧烈的人类活动影响，山东原始的森林植被早已荡然无存，目前占优势的森林植被是各种人工林；山东的实际森林覆盖率低于全国平均水平；山东的荒山植被面积很大，土壤浅薄贫瘠，很多地段的裸岩出露，森林恢复难度极大，靠自然恢复森林植被几乎不可能，必须采取必要的人工措施进行植被恢复和重建。基于以往的资料和本次华北植物群落资源调查的数据，对山东森林植被的恢复和保护提出以下几点建议。

1. 造林的目的和目标——营造生态林

目前的造林主要有三种类型：经济林、景观林和绿化林。造经济林的主要目的是产生经济效益，选用经济树种；造景观林主要是为了观赏，选用观花、观果、观叶的种类；造绿化林是为了尽快覆盖荒山荒地，选用容易栽植成活的种类。但真正意义的造林是营造生态林，即营造符合当地实际的多种类、多层次、能恢复生态功能的生态林，换句话说，就是用乡土树种建造乡土森林（native forest with native trees），这是今后造林的方向。

2. 植物种类的选择和配置——多种类、多层次

植物种类的选择和配置是森林植被恢复和重建的第一步，也是成败的关键。以往的造林存在以下问题：①种类单一，多是单一的针叶树或阔叶树，很少有混交林；②外来种占优，如黑松、刺槐、火炬树等；③结构单一，即单个种类、单个层次。今后的造林应当尽量避免这些问题，采取多种类、多层次的造林。根据作者几十年对山东植被的研究和本次调查，提出以下用于山地造林的建议植物种类。

乔木种类：麻栎、栓皮栎、槲树、槲栎、蒙古栎（*Quercus mongolica*）、楸（*Catalpa bungei*）、小叶朴（*Celtis bungeana*）、青檀（*Pteroceltis tatarinowii*）、臭椿（*Ailanthus altissima*）、色木槭、栾树、榆、旱柳、刺楸（*Kalopanax septemlobus*）、糠椴、紫椴、水榆花楸、千金榆、坚桦（*Betula chinensis*）、枫杨、黄檀、黄连木、野茉莉（*Styrax japonicus*）、红果山胡椒、红楠、化香树（*Platycarya strobilacea*）等。

灌木种类：二色胡枝子、三裂绣线菊、荆条、酸枣、花木蓝、照山白、白檀、扁担杆、小叶鼠李、华北绣线菊、山槐、茅莓、崖椒（*Zanthoxylum schinifolium*）、锦鸡儿（*Caragana sinica*）、郁李、兴安胡枝子、截叶铁扫帚、野珠兰、卫矛、牛奶子（*Elaeagnus umbellata*）、连翘、多花蔷薇、大花溲疏（*Deutzia grandiflora*）、锦带花、荚蒾、天目琼花（*Viburnum opulus* var. *calvescens*）、柘树（*Cudrania tricuspidata*）、三桠乌药、山胡椒、盐肤木、大叶胡颓子、紫珠、山茶、柽柳、单叶蔓荆、野玫瑰等。藤本植物有南蛇藤、葛、菝葜、木防己、木通（*Akebia quinata*）、猕猴桃、金银花、山葡萄（*Vitis amurensis*）、扶芳藤等。

草本植物种类：土壤瘠薄干旱的地段可选用白羊草、黄背草、白茅、瞿麦（*Dianthus superbus*）、石竹（*Dianthus chinensis*）等；立地条件更差的地段可选用结缕草、翻白草、霞草、鸦葱、苦荬菜（*Ixeris polycephala*）、瓦松（*Orostachys fimbriata*）等；适宜土壤湿润、肥沃地段的植物有野古草、羊胡子苔草、大油芒、荻、山丹（*Lilium pumilum*）、蕨、唐松草、地榆、桔梗（*Platycodon grandiflorus*）、杏叶沙参等等。

3. 森林恢复技术——育苗和密植、混合，辅助工程措施

目前山东地区荒山荒地的实际情况为，大部分都是贫瘠山地，也称其为困难

山地，这些山地的明显特征之一是土层浅薄和干旱，有些地点甚至是裸岩，如果依赖自然恢复，其几十年内几乎是不可能恢复的，因此就要人工造林。

造林的第一步是确定造林地点的立地条件，如母岩类型、土壤厚度、坡度、坡向等；第二步是根据立地条件育苗，即根据不同的立地条件选用不同的种类及配置，如石灰岩山地和花岗岩山地就应选用不同的种类，前者为槲栎、侧柏、鹅耳枥、青檀、黄栌、荆条、白羊草、披针薹草等组合，后者为麻栎、栓皮栎、赤松、油松、胡枝子、荆条、黄背草、披针薹草等组合，对于木本植物，应当培育3～7年生、高度50cm左右的大苗；第三步是种植，选用乔木、灌木、草本混合，密植栽培；第四步，对于裸岩多、土层薄的地段，还应采用挖坑、挖沟、运客土、草袋覆盖等工程辅助技术（王仁卿等，2002）。

4. 管理和政策等——加强前期管理，制定相关政策

在造林初期的1～3年应进行除草、浇水等管理，之后就顺其自然，优胜劣汰，适者生存，不管理就是最好的管理。同时造林和补偿经费、造林政策、基础研究、技术研究等必须跟上。

在山东和华北的荒山秃岭地区，森林演替通常从荒山或没有树木的土地开始，到最终森林形成，至少要100～500年，或上千年。但是如果采用生态造林方式，施以工程措施，30～50年可能就会初步恢复森林植被，时间缩短了很多年，这也视土壤条件等而异。

（执笔人：郑培明　王　蕙　张文馨　孙淑霞　张煜涵　王仁卿）

参 考 文 献

陈汉斌, 郑亦津, 李法曾. 1990. 山东植物志(上卷). 青岛: 青岛出版社.

陈汉斌, 郑亦津, 李法曾. 1997. 山东植物志(下卷). 青岛: 青岛出版社.

宋永昌. 2017. 植被生态学(第二版). 北京: 高等教育出版社.

王仁卿, 藤原一绘, 尤海梅. 2002. 森林植被恢复的理论和实践: 用乡土树种重建当地森林——宫胁森林重建法介绍. 植物生态学报, 26(z1): 133-139.

王仁卿, 周光裕. 2000. 山东植被. 济南: 山东科学技术出版社.

张新时. 2007. 中国植被及其地理格局. 北京: 地质出版社.

中国植被编辑委员会. 1980. 中国植被. 北京: 科学出版社.

van der Maarel E, Franklin J. 2017. 植被生态学(第二版). 杨明玉, 欧晓昆译. 北京: 科学出版社.

第六章 东阿拉善-西鄂尔多斯植物特有性及其保护

东阿拉善和西鄂尔多斯地区是中国 8 个生物多样性中心之一的阿拉善-鄂尔多斯中心（王荷生和张镱锂，1994）的核心区。阿拉善-鄂尔多斯中心，是中国北方（秦岭、淮河以北）仅有的 2 个生物多样性中心之一（朱宗元等，1999），是亚洲大陆中部干旱荒漠区特有植物集中分布区之一。该区植物区系既古老而又年轻，贺兰山及其周边山地新分化出许多年轻的植物类群，而贺兰山东西两侧的西鄂尔多斯和东阿拉善高原区则保留了一些古老的残遗类群，多为珍稀的古近纪-新近纪古地中海干旱植物的后裔。对该地区生物多样性特征进行系统分析，对于揭示亚洲中部荒漠区植物区系起源与演化及环境演变都具有重要的意义。

第一节 区 域 概 况

东阿拉善-西鄂尔多斯高原地区，面积约 22 万 km^2，东起毛乌素沙地西缘，西至巴丹吉林沙漠东缘；南邻祁连山北侧，北抵蒙古国戈壁阿尔泰山南缘的干旱区，地理坐标大致为 37°～43° N，101°～107°E。该区位于蒙古高原的西南部，沙漠、戈壁、石质残丘与山地相间分布。在辽阔坦荡的高原面上，从西南向东北展布有腾格里沙漠、乌兰布和沙漠以及库布齐沙漠，西北部为平缓的戈壁。贺兰山是该区最高的山峰，最高峰海拔为 3556m。除贺兰山以外，海拔 2000m 左右的小型山地还有位于贺兰山东侧与贺兰山仅一河（黄河）之隔呈南北走向的阿尔巴斯山，最高峰海拔为 2149m；位于贺兰山北侧的阴山山脉西段的狼山，最高峰海拔为 2364m；位于贺兰山西侧，呈东北—西南走向的雅布赖山，最高峰海拔为 1955m。此外，还零星散布一些石质低山丘陵。黄河从南向北纵贯全境，与贺兰山一起，共同构成该区自然分界线，贺兰山—黄河以东为西鄂尔多斯荒漠草原，以西为东阿拉善荒漠。

一、气 候

该区气候为中温带向暖温带过渡的典型干旱区，年平均温度在 6.3～8.6℃之间，年均降水量为 50～210mm，从东南向西北递减，年蒸发量为 2350～3010mm。降水集中在夏季，7～9 月降水量占全年降水量的 55%～69%。但贺兰山 3000m 左右的山地年均温度为-0.8℃，年降水量为 430mm；主峰海拔在 3500m 以上，年降水量可达 500mm，年均温度为-2.8℃（田连怒，1996）。

二、土　壤

该区从东到西地带性土壤主要为棕钙土、灰漠土和灰棕漠土。非地带性土壤主要为覆盖面积较大的风沙土，盐碱土壤也广泛分布。贺兰山山地土壤垂直分化明显，随山体从基带到主峰土壤垂直带主要为山前淡棕钙土、山麓棕钙土、低山石灰性灰褐土、山地钙质灰褐土、山地淋溶灰褐土、亚高山及高山灌丛与草甸土。

三、植　被

该区高原地带性植被从东向西，随着降水量的减少而发生有规律的变化。东部的西鄂尔多斯高原是以短花针茅（*Stipa breviflora*）或沙生针茅（*S. glareosa*）为主的荒漠草原；中部贺兰山西侧为红砂（*Reaumuria songarica*）、珍珠猪毛菜（*Salsola passerina*）或藏锦鸡儿（*Caragana tibetica*）与多年生草本组成的草原化荒漠群落；西部、北部是以稀疏的红砂、泡泡刺（*Nitraria sphaerocarpa*）为主的典型荒漠。贺兰山山地植被垂直分异明显，可将其划分为山前荒漠与荒漠草原带，山麓与低山草原带，中山和亚高山针叶林带，以及亚高山与高山灌丛、草甸带 4 个植被垂直带。阿尔巴斯山、狼山、雅布赖山由于山体较小、高度较低，均无森林植被分布。特别是雅布赖山，位于巴丹吉林沙漠和腾格里沙漠两大沙漠之间的极端干旱区，且山体陡峭，除较深的沟谷溪边有少量稀疏的中生灌丛以外，其山坡多为稀疏的旱生灌丛或裸岩。三大沙漠，除局部边缘以外，其余地带大多为无植被覆盖的流沙。

第二节　植物与植物群落

一、植物分类群的多样性

研究区目前记录到野生维管植物 92 科 382 属 942 种 32 个变种。其中蕨类植物 10 科 11 属 18 种；裸子植物 3 科 5 属 11 种；被子植物 79 科 366 属 913 种（表6-1）。植物种类以菊科（Compositae）和禾本科（Gramineae）最多，其次是豆科（Leguminosae）、藜科（Chenopodiaceae）和蔷薇科（Rosaceae），前 20 科的属占研究区属的 70.5%，前 20 科的种占研究区种的 80.0%。植物主要分布于贺兰山及其周边山地，其中贺兰山有野生维管植物 88 科 358 属 789 种 2 亚种 28 变种，内有蕨类植物 10 科 11 属 18 种；裸子植物 3 科 5 属 8 种 1 变种；被子植物 75 科 342 属 763 种 2 亚种 27 变种（表 6-1）。

表 6-1　贺兰山及其毗邻地区野生维管植物统计

科	研究区			贺兰山		
	属	种	变种/亚种	属	种	变种/亚种
1. 菊科 Compositae	43	124	1	41	103	
2. 禾本科 Gramineae	44	110	5/1	43	107	5/1
3. 豆科 Lguminosae	19	78	4	17	60	4
4. 藜科 Chenopodiaceae	20	68	2	14	35	1
5. 蔷薇科 Rosaceae	14	49	5	13	46	5
6. 毛茛科 Ranunculaceae	12	40	1	12	36	1
7. 十字花科 Cruciferae	18	35		15	22	
8. 莎草科 Cyperaceae	8	32		8	28	
9. 石竹科 Caryophyllaceae	11	29		11	26	
10. 百合科 Liliaceae	7	25	1	7	25	1
11. 蓼科 Polygonaceae	7	25		6	18	
12. 唇形科 Lamiaceae	13	19	1	13	18	1
13. 玄参科 Scrophulariaceae	8	17		8	16	1
14. 龙胆科 Gentianaceae	8	17		9	16	
15. 蒺藜科 Zygophyllaceae	6	16		6	9	
16. 伞形科 Apiaceae	11	15		10	13	
17. 紫草科 Boraginaceae	10	15		10	13	
18. 杨柳科 Salicaceae	2	13		2	11	
19. 柽柳科 Tamaricaceae	3	12		3	5	
20. 报春花科 Primulaceae	4	11		4	11	
其他科（72 科，贺兰山 68 科）	114	192	21	106	171	20
合　计	382	942		358	789	

二、植物分类群的特有性及其空间分布格局

1. 属的特有性及其空间分布

该地区种子植物没有特有科，有一特有亚科，即蒺藜科（Zygophyllaceae）的

四合木亚科（Tetraenoideae），仅含 1 属四合木属（*Tetraena*），1 种四合木（*Tetraena mongolica*），分布区很小，只分布于西鄂尔多斯西缘与贺兰山北段西麓，为西鄂尔多斯特有属种。有 1 个东阿拉善-西鄂尔多斯特有属：蔷薇科（Rosaceae）的绵刺属（*Potaninia*）；2 个阿拉善-鄂尔多斯特有属，分别是菊科（Compositae）的革苞菊属（*Tugarinovia*）和百花蒿属（*Stilpnolepis*）。上述 3 属均为单种属。此外，还有 1 个蒙古高原南部沙地特有属：十字花科（Cruciferae）的沙芥属（*Pugionium*），本属含 4 种，研究区内分布 3 种；2 个亚洲中部荒漠特有属：豆科（Leguminosae）的沙冬青属（*Ammopiptanthus*），本属含 2 种，研究区内分布 1 种；菊科的紊蒿属（*Elachanthemum*），为 2 种属，研究区内有 1 种。这 5 个当地属和 2 个近当地特有属，均分布于平原区或山麓地带，不出现在山地内部。贺兰山及其周边山地内部没有当地特有属，仅有中国华北特有属：虎榛子属（*Ostryopsis*）；中国华北-东北特有属：文冠果属（*Xanthoceras*）；中国华北-西南特有属：阴山荠属（*Yinshania*）。

　　正是这 5 个当地特有属和 2 个近当地特有属（亚洲中部荒漠特有属）奠定了该地区中国西北干旱区生物多样性中心的地位。按中国种子植物多度中心的划分，中国有 8 个生物多样性中心（王荷生和张镱锂，1994），秦岭、淮河以北只有两个，一是中条山-南太行山中心，二是阿拉善-鄂尔多斯中心。前者是我国暖温带山地中国特有属的集中分布地区，是西南和南方特有属分布的北界，与秦岭中心有许多相似之处。秦岭中心的中国种子植物特有属多达 40 多个，但缺少当地特有属，多是中国西南特有植物的北延分布。中条山-南太行山中心仅有 2 个当地特有属：蔷薇科的太行花属（*Taihangia*）和菊科的太行菊属（*Opisthopappus*）。而自然环境严酷的阿拉善-鄂尔多斯中心有 7 个当地特有属和近当地特有属，由此成为中国北方当地特有属最集中分布的地区。

2. 物种的特有性及其空间分布

　　该区种子植物仅分布于东阿拉善-西鄂尔多斯地区（个别种会扩展到整个阿拉善-鄂尔多斯地区）的当地特有种有 92 个，变种 18 个；以东阿拉善-西鄂尔多斯为分布中心，但分布区可扩展到东部乌兰察布高原北部，或西部额济纳、青海柴达木盆地，或祁连山、甘肃贺岗山、兴隆山等研究区外围山地，可称作 "近当地特有种"，共 17 个，这些特有种与近特有种隶属于 35 科 78 属，占研究区种子植物的 12%（包括变种）。其中豆科和菊科种类最多，分别为 17 种 1 变种和 14 种 4 变种（亚种），其次是藜科（Chenopodiaceae）6 种 2 变种、石竹科（Caryophyllaceae）7 种、毛茛科（Ranunculaceae）4 种 1 变种。含 3～5 种的科有 9 个；含 2 种的科有 5 个；仅含 1 种的科有 17 个（表 6-2）。

　　这些特有种可分为两类：一类是山地特有，共计 60 种（含 16 变种），占特有种的 54.5%。集中分布于贺兰山，少量分布在阿尔巴斯山、狼山和雅布赖山，共 50 种（含 16 变种）。另外 10 种，以贺兰山为分布中心，其分布区可扩展到研究区外围山地。其中山地特有种仅分布于贺兰山山地，有 31 种（包括 11 变种），仅分布于狼山的有 2 种，仅分布于雅布赖山的有 2 种，仅分布于阿尔巴斯山的有 2 种。其余 13 种（包括 1 变种）为贺兰山与周边山地共有种。另一类是高原区或山麓地带的"平原"特有种，共 50 种（包括 3 变种），占特有种的 45.5%。

　　此外，该地区还包括沙拐枣属（*Calligonum*）、木蓼属（*Atraphaxis*）、梭梭属（*Haloxylon*）、假木贼属（*Anabasis*）、合头草属（*Sympegma*）、盐爪爪属（*Kalidium*）、猪毛菜属（*Salsola*）、碱蓬属（*Suaeda*）、盐生草属（*Halogeton*）、地肤属（*Kochia*）、霸王属（*Zygophyllum*）、骆驼蓬属（*Peganum*）、白刺属（*Nitraria*）、柽柳属（*Tamarix*）、红砂属（*Reaumuria*）、短舌菊属（*Brachanthemum*）、紫菀木属（*Asterothamnus*）等温带荒漠代表属和众多温带戈壁荒漠特征种。

表 6-2　东阿拉善–西鄂尔多斯特有种

科	种	生态型	生活型	分布
鳞毛蕨科 Dryopteridaceae	中华耳蕨[*] *Polystichum sinense*	V	E	贺兰山，阴山，祁连山
松科 Pinaceae	青海云杉[*] *Picea crassifolia*	V	A	祁连山，贺兰山，阴山
柏科 Cupressaceae	贺兰山圆柏 *Sabina vulgaris* var. *alashanensis*	V	A	贺兰山
麻黄科 Ephedraceae	斑子麻黄 *Ephedra rhytidosperma*	I	B	贺兰山山麓，东阿拉善南
榆科 Ulmaceae	毛果旱榆 *Ulmus glaucescens* var. *lasiocarpa*	II	A	贺兰山，阴山西段
荨麻科 Urticaceae	贺兰山荨麻 *Urtica helanshanica*	V	E	贺兰山
蓼科 Polygonaceae	阿拉善沙拐枣 *Calligonum alaschanicum*	I	B	东阿拉善—西鄂尔多斯
	总序大黄 *Rheum racemiferum*	III	E	贺兰山，狼山，阿尔巴斯山，龙首山
	单脉大黄 *Rheum uninerve*	III	E	贺兰山，狼山，阿尔巴斯山，龙首山

续表

科	种	生态型	生活型	分布
藜科 Chenopodiaceae	刺藜 *Chenopodium aristatum inerme*	V	F	贺兰山
	阿拉善单刺蓬 *Cornulaca alaschanica*	II	F	东阿拉善
	碟果虫实 *Corispermum patelliforme*	V	F	西鄂尔多斯—阿拉善—柴达木盆地
	盆果虫实 *C. patelliforme* var. *pelviforme*	V	F	阿拉善
	黄毛头 *Kalidium ciispidafum* var. *sinicum*	I	C	阿拉善东南部，祁连山北坡山麓
	宽翅地肤 *Kochia macroptera*	IV	F	阿拉善，乌兰察布北部
	蒙古猪毛菜 *Salsola ikonnikovii*	II	F	阿拉善
	茄叶碱蓬 *Suaeda prezwalskii*	V	F	东阿拉善—西鄂尔多斯
石竹科 Caryophyllaceae	贺兰山女娄菜 *Melandrium alaschanicum*	V	E	贺兰山
	准噶尔蝇子草 *Silene songarica*	V	E	贺兰山
	污色蝇子草 *Silene karekirii*	V	E	贺兰山
	贺兰山孩儿参* *Pseudostellaria helanshanensis*	V	E	贺兰山，太白山（陕西省）
	宁夏蝇子草* *Silene ningxiaensis*	II	E	贺兰山，祁连山
	贺兰山繁缕* *Stellaria alaschanica*	II	E	贺兰山，祁连山
	二柱繁缕 *S. bistyla*	IV	E	贺兰山
毛茛科 Ranunculaceae	阿拉善银莲花 *Anemone alaschanica*	V	E	贺兰山
	灰叶铁线莲 *Clematis canescens*	II	B	阿拉善—鄂尔多斯

科	种	生态型	生活型	分布
毛茛科 Ranunculaceae	白花长瓣铁线莲 *C. macropetala* var. *albiflora*	V	D	贺兰山
	软毛翠雀花 *Delphinium mollipilum*	V	E	贺兰山
	栉裂毛茛 *Ranunculus pectinatilobus*	V	E	贺兰山
罂粟科 Papaveraceae	贺兰山疏花紫堇 *Corydalis pauciflora* var. *holanschanica*	V	E	贺兰山
十字花科 Cruciferae	白毛花旗杆 *Dontostemon senilis*	II	E	阿拉善—西鄂尔多斯
	厚叶花旗杆* *D. crassifolius*	II	E	东阿拉善—西鄂尔多斯—乌兰察布北部
	阿拉善独行菜 *Lepidium alashanicum*	IV	F	东阿拉善—额济纳
	距果沙芥 *Pugionium calcaratum*	V	F	东阿拉善—西鄂尔多斯
	斧翅沙芥 *P. dolabratum*	V	F	东阿拉善—西鄂尔多斯
蔷薇科 Rosaceae	蒙古扁桃* *Amygdalus mongolica*	I	B	东阿拉善—乌兰察布北部
	白果毛樱桃 *Prunus tomentosa* var. *jeueocarpa*	V	A	贺兰山
	绵刺 *Potaninia mongolica*	I	B	东阿拉善—西鄂尔多斯
豆科 Leguminosae	沙冬青 *Ammopiptanthus mongolicus*	I	B	阿拉善—西鄂尔多斯
	阿拉善黄耆 *Astragalus alaschanus*	II	E	贺兰山
	荒漠黄耆 *A. alaschanensis*	II	E	阿拉善—西鄂尔多斯
	秦氏黄芪 *A. chingiana*	III	E	贺兰山，阿尔巴斯山
	毛果莲山黄耆 *A. leansanicus* var. *lasiocarpus*	IV	E	贺兰山

续表

科	种	生态型	生活型	分布
豆科 Leguminosae	单叶黄耆* A. efoliolatus	II	E	东阿拉善—鄂尔多斯—锡林郭勒
	拟边塞黄耆 A. ochrias	II	E	贺兰山，阴山西段
	粗壮黄芪 A. hoantchy	II	E	贺兰山，阴山，东祁连山
	短龙骨黄耆 A. parvicarinatus	II	E	东阿拉善—西鄂尔多斯
	短脚锦鸡儿 Caragana brachypoda	I	B	阿拉善—西鄂尔多斯
	柠条锦鸡儿 C. korshinskii	I	B	阿拉善—西鄂尔多斯
	蒙古雀儿豆 Chesniella mongolica	II	E	阿拉善—西鄂尔多斯
	贺兰山岩黄耆* Hedysarum petrovii	II	E	贺兰山，六盘山，祁连山北坡
	阿拉善苜蓿 Medicago alaschanica	IV	E	贺兰山西麓
	贺兰山棘豆 Oxytropis holanshanensis	II	E	贺兰山
	狼山棘豆 O. langshanica	II	E	东阿拉善
	多枝棘豆 O. ramosissima	II	E	东阿拉善—鄂尔多斯
	红花海绵豆 Spongiocarpella grubovii	II	E	阿拉善—西鄂尔多斯
蒺藜科 Zygophyllaceae	四合木 Tetraena mongolica	I	B	贺兰山北端，西鄂尔多斯
芸香科 Rutaceae	针枝芸香 Haplophyllum tragacanthoides	II	C	贺兰山，狼山，阿尔巴斯山
大戟科 Euphorbiaceae	刘氏大戟 Euphorbia lioui	IV	E	贺兰山西麓
	狭叶沙生大戟 E. kozlovii var. angustifolia	II	E	西鄂尔多斯
	红腺大戟 E. ordosinensis	II	E	贺兰山，阿尔巴斯山

续表

科	种	生态型	生活型	分布
槭树科 Aceraceae	大叶细裂槭 *Acer stenolobum* var. *megalophyllum*	V	A	贺兰山
	毛细裂槭 *A. stenolobum* var. *pubescens*	V	A	贺兰山
柽柳科 Tamaricaceae	宽叶水柏枝 *Myricaria platyphylla*	IV	B	阿拉善—鄂尔多斯
	黄花红砂 *Reaumuria trigyna*	II	B	东阿拉善—西鄂尔多斯
	甘蒙柽柳 *Tamarix austromongolica*	II	B	阿拉善—鄂尔多斯
半日花科 Cistaceae	半日花 *Helianthemum songaricum*	I	B	西鄂尔多斯
伞形科 Apiaceae	内蒙西风芹 *Seseli intramongolicum*	IV	E	贺兰山, 狼山, 阿尔巴斯山, 阴山西段
	狼山西风芹 *S. langshanense*	II	E	狼山
杜鹃花科 Ericaceae	贺兰山越橘 *Vaccinium yitis-idaea* var. *alashanicum*	V	B	贺兰山
报春花科 Primulaceae	阿拉善点地梅 *Androsace alaschanica*	II	E	贺兰山, 狼山, 阿尔巴斯山, 祁连山
白花丹科 Plumbaginaceae	细枝补血草* *Limonium tenellum*	II	E	东阿拉善—西鄂尔多斯—乌 兰察布北部
萝藦科 Asclepiadaceae	牛心朴子 *Cynanchum komarovii*	II	E	阿拉善—鄂尔多斯
紫草科 Boraginaceae	灰毛软紫草 *Arnebia fimbriata*	II	E	阿拉善
	疏花软紫草 *A. szechenyi*	II	E	阿拉善—贺兰山—西鄂尔多 斯
	沙生鹤虱 *Lappula deserticola*	II	F	阿拉善
唇形科 Lamiaceae	毛冬青叶兔唇花 *Lagochilus ilicifolius* var. *omentosus*	II	E	贺兰山

续表

科	种	生态型	生活型	分布
唇形科 Lamiaceae	微硬毛建草 *Dracocephalum rigidulum*	II	E	狼山
	脓疮草 *Panzerina lanata* var. *alaschanica*	II	E	东阿拉善—西鄂尔多斯
玄参科 Scrophulariaceae	阿拉善马先蒿* *Pedicularis alaschanica*	V	E	贺兰山，龙首山，祁连山
	贺兰玄参 *Scrophularia alaschanica*	V	E	贺兰山，阴山西段
茜草科 Rubiaceae	内蒙野丁香 *Leptodermis ordosica*	II	B	贺兰山，阿尔巴斯山
	阿拉善茜草 *Rubia cordifolia* var. *alaschanica*	V	E	贺兰山
桔梗科 Campanulaceae	宁夏沙参* *Adenophora ningxianica*	IV	E	贺兰山，阿尔巴斯山，兴隆山
菊科 Compositae	内蒙亚菊 *Ajania alabasica*	II	C	阿尔巴斯山
	多头铺散亚菊 *A. khartensis* var. *polycephala*	IV	E	贺兰山
	黑沙蒿 *Artemisia ordosica*	II	C	阿拉善—鄂尔多斯
	戈壁短舌菊 *Brachanthemum gobicum*	II	C	东阿拉善
	毛果小甘菊 *Cancrinia lasiocarpa*	II	E	东阿拉善
	紊蒿* *Elachanthemum intricatum*	III	F	西鄂尔多斯—阿拉善—柴达木
	贺兰山女蒿 *Hippolytia kanschgarica* subsp. *alashanensis*	II	C	贺兰山
	阿拉善风毛菊 *Saussurea alaschanica*	V	E	贺兰山
	缩茎阿拉善风毛菊 *S. alaschanica* var. *acaulie*	V	E	贺兰山
	多头阿拉善风毛菊 *S. alaschanica* var. *polycephala*	V	E	贺兰山
	贺兰山风毛菊 *S. helanshanensis*	V	E	贺兰山

科	种	生态型	生活型	分布
菊科 Compositae	阿右风毛菊 *S. jurineioides*	I	E	雅布赖山
	雅布赖风毛菊 *S. yabulaiensis*	I	E	雅布赖山
	棉毛鸦葱* *Scorzonera capito*	II	F	阿拉善—西鄂尔多斯—乌兰察布北部
	百花蒿 *Stilpnolepis centiflora*	V	F	阿拉善
	术叶合耳菊* *Synotis atractylidifolia*	V	E	贺兰山，兴隆山，阴山西段
	革苞菊 *Tugarinovia mongolica*	I	E	东阿拉善—西鄂尔多斯
	鄂尔多斯黄鹌菜 *Youngia ordosica*	II	E	贺兰山，阿尔巴斯山
禾本科 Gramineae	硬叶早熟禾 *Poa stereophylla*	III	E	贺兰山
	长花长稃早熟禾 *P. dolichachyra* var. *longiflora*	III	E	贺兰山
	阿拉善鹅观草* *Roegneria alashanica*	III	E	贺兰山，东天山
	蒙古针茅 *Stipa mongolorum*	II	E	东阿拉善
莎草科 Cyperaceae	贺兰山嵩草 *Kobresia helanshanica*	V	E	贺兰山
百合科 Liliaceae	阿拉善葱 *Allium alaschanicum*	IV	E	贺兰山
	鄂尔多斯韭 *A. alabasicum*	II	E	阿尔巴斯山
鸢尾科 Iridaceae	大苞鸢尾* *Iris bungei*	II	E	东阿拉善—西鄂尔多斯—乌兰察布

*代表分布区略超出研究区范围的近当地特有种。

注：生态型：I.强旱生，II.旱生，III.中旱生，IV.旱中生，V.中生；生活型，A.小乔木，B.灌木，C.半灌木，D.木质藤本，E.多年生草本，F.一年生草本。

三、特有植物群落及其分布

东阿拉善-西鄂尔多斯特有植物往往分布零散，很难形成群落。仅内蒙古薄皮木和贺兰山女蒿 2 个山地种，以及斑子麻黄、鄂尔多斯半日花、绵刺、蒙古扁桃、沙冬青、黄花红砂和戈壁短舌菊等 7 个平原种组成群落（图 6-1），形成了该地区特有的植被景观。这些特有群落几乎均为旱生或强旱生植物群落，且除贺兰山女蒿为半灌木群落以外，其余均为灌木群落。

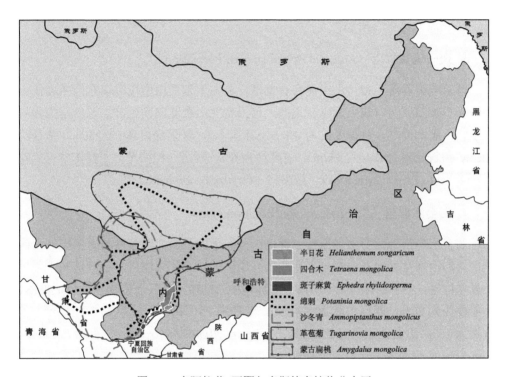

图 6-1　东阿拉善-西鄂尔多斯特有植物分布区

1. 内蒙野丁香群落（*Leptodermis ordosica* Formation）

内蒙野丁香群落为贺兰山山地特有群落。分布较广，多出现在山体内部的干燥石质阳坡，以及低山带阴坡、半阴坡的裸岩石缝。该群落为小灌木群落，总盖度约为 10%（不计草本），薄皮木高 10～30cm，种群密度约为 1.4 株/m²，盖度约为 7%。主要伴生松叶猪毛菜（*Salsola laricifolia*）或蒙古扁桃（*Amygdalus mongolica*）等，草本层不发达。除贺兰山以外，该种可分布到与贺兰山一河之隔的阿尔巴斯山，但往往不形成群落。

2. 贺兰山女蒿群落（*Hippolytia alashanensis* Formation）

贺兰山女蒿群落为贺兰山山地特有群落。其分布与生境与内蒙野丁香群落相近，但从不出现在山口以外，旱生性很强，多生长在中山带以下（2000～2500m）的悬崖、石壁或干燥岩缝中。该群落属于极度稀疏的小灌木群落，高 20cm 左右，丛径约为 15cm，盖度不足 5%。伴生少量阿拉善鹅观草（*Roegneria alashanica*）、毛枝蒙古绣线菊（*Spiraea mongolica* var. *tomentulosa*）、乳毛土三七（*Sedum aizoon* var. *scabrum*）等喜石植物。

3. 斑子麻黄群落（*Ephedra rhytidosperma* Formation）

斑子麻黄群落为贺兰山山麓特有群落。分布于贺兰山中段以南东西两坡低山带的碎石质阳坡沟口或山麓砾石戈壁，可沿贺兰山余脉向南延伸。该群落为强旱生垫状小灌木群落，总盖度约为 8%（不计草本），斑子麻黄高 5～25cm，丛径约 30cm，种群密度为 0.4～1 株/m²，盖度约为 6%。群落结构简单，主要伴生刺旋花（*Convolvulus tragacanthoides*）、猫头刺（*Oxytropis aciphylla*）等。

4. 四合木群落（*Tetraena mongolica* Formation）

四合木群落为西鄂尔多斯特有群落，分布于贺兰山北段东麓与阿尔巴斯山西侧之间的山间宽谷地及西鄂尔多斯北部高原区的草原化荒漠带。该群落属于强旱生灌木群落，生于砂砾质、砾质或石质环境中，单独或与其他植物共同组成群落。总盖度约为 20%，四合木高 20～40cm，丛径为 25～90cm，密度为 0.4 丛/m²，盖度约为 15%。主要伴生种有红砂、霸王（*Zygophyllum xanthoxylon*）、绵刺（*Potaninia mongolica*）等灌木。

5. 鄂尔多斯半日花群落（*Helianthemum ordosicum* Formation）

鄂尔多斯半日花群落为西鄂尔多斯特有群落。鄂尔多斯半日花（*Helianthemum ordosicum*）原学名为 *H. soongoricum*，与新疆准噶尔半日花同种，赵一之等（2003）研究后认为其为一新种。该种分布区很小，其群落集中分布在阿尔巴斯山山麓，西南部分布最多，在贺兰山最南端宁夏与内蒙古交界处长城两侧也有少量分布。生于碎石质丘坡上，单独或与木旋花等共同组成群落。群落总盖度约为 12%，半日花高 3～10cm，丛径为 3～20cm，密度为 9 株/m²，盖度为 8%；主要伴生木旋花、猫头刺、松叶猪毛菜等。

6. 绵刺群落（*Potaninia mongolica* Formation）

绵刺群落为东阿拉善-西鄂尔多斯广布的特有群落。其物种及小种群向北可分布到蒙古国戈壁阿尔泰山以南，东北部可分布到巴彦淖尔市乌拉特中旗甘其毛都口岸附近，在河西走廊祁连山北麓也有零星分布，这些地区均属于广义的阿拉善地区。该群落在东阿拉善地区最为典型，生于地表覆沙的较平坦的环境中，总盖度约为30%，绵刺高8~15cm，丛径为15~40cm，密度约为3丛/m²，盖度约为 25%。伴生少量驼绒藜（*Krascheninnikovia ceratoides*）、霸王、戈壁短舌菊（*Brachanthemum gobicum*）等，多年生草本植物很少。在西鄂尔多斯常伴生黄花红砂（*Reaumuria trigyna*）、四合木、霸王等灌木，以及沙生针茅（*Stipa glareosa*）、无芒隐子草（*Cleistogenes songorica*）、蒙古韭（*Allium mongolicum*）等多年生草本植物。

7. 蒙古扁桃群落（*Amygdalus mongolica* Formation）

蒙古扁桃群落为东阿拉善-西鄂尔多斯特有群落。该群落喜生于石质山坡上或砾石干沟中，常出现在贺兰山、狼山、阿尔巴斯山等低山带。在贺兰山浅山区发育良好，群落总盖度约为25%，高20~80cm，丛径为30~150cm，密度为0.5丛/m²，盖度约为20%。主要伴生细裂叶莲蒿（*Artemisia gmelinii*）、狭叶青蒿（*A. dracunculus*）、松叶猪毛菜等，草本层发达，由本氏针茅、沙生针茅、阿拉善鹅观草等植物构成；在东阿拉善地区主要伴生松叶猪毛菜、霸王、沙冬青、红砂等，草本层不发达。

8. 沙冬青群落（*Ammopiptanthus mongolicus* Formation）

沙冬青群落为东阿拉善-西鄂尔多斯特有群落，也是该地区唯一的常绿灌木群落，分布较广，常生于山谷、山麓或丘间盆地。在贺兰山山麓及浅沟谷发育良好，总盖度约为14%。沙冬青高30~90cm，丛径为40~110cm，密度约为0.1株/m²，盖度约为13%，主要伴生荒漠锦鸡儿（*Caragana roborovskyi*）、松叶猪毛菜、蒙古扁桃等，草本层发达，主要有短花针茅（*Stipa breviflora*）、中亚细柄茅（*Ptilagrostis pelliotii*）、长芒草（*Stipa bungeana*）、无芒隐子草等。在东阿拉善地区主要伴生霸王、驼绒藜等，草本层不发达。

9. 黄花红砂群落（*Reaumuria trigyna* Formation）

黄花红砂为东阿拉善-西鄂尔多斯特有种，但在其分布区内，大多不单独组成群落，常以伴生种出现在四合木、绵刺等群落中。但在西鄂尔多斯砾质高原或砾石-石质丘坡局部区域可形成单优势群落，面积较小，总盖度为2%。黄花红砂高12～28cm，丛径为10～25cm，密度约为0.2株/m²，盖度不足1%。伴生霸王、矮脚锦鸡儿（*Caragana brachypoda*）、内蒙古旱蒿（*Artemisia xerophytica*）、红砂等。

10. 戈壁短舌菊群落（*Brachanthemum gobicum* Formation）

戈壁短舌菊一般也不单独成群落，常出现在绵刺、蒙古扁桃等群落中。但在东阿拉善东北部局部土质或沙砾质环境中可成为优势种，并与绵刺、松叶猪毛菜、短叶假木贼（*Anabasis brevifolia*）等共同组成草原化荒漠群落。群落总盖度约为10%，戈壁短舌菊高20～40cm，丛径为10～20cm，密度约为0.3丛/m²。草本层发育较好，主要由沙生针茅、无芒隐子草、多根葱（*Allium polyrhizum*）、蒙古葱、戈壁天门冬（*Asparagus gobicus*）等组成。

第三节　生物多样性演化的基本特征

一、古特有类群的"平原"残遗

研究区的5个当地特有属，除沙芥属为寡种属以外，四合木属、绵刺属、革苞菊属和百花蒿属均为单种属；2个近当地特有属——沙冬青属和紊蒿属也均为寡种属。紊蒿属原为单种属，2003年作者在阿拉善西部发现一新种——多头紊蒿（*Elachanthemum polycephalum*）（朱宗元等，2003）。对于这些单种属和寡种属植物，在当地或相邻植物区内很难找到与其亲缘关系近的类群，且分布区狭小。表现出系统演化上的孤立性和地理分布上的残遗性。以下4属最具有代表性。

（1）四合木属。该属的系统分类地位难以确定，学者一般将其暂置于蒺藜科。俄国学者Ilijin（1958）也认为，该属起源于热带或亚热带的南美古旱生植物金虎尾科（Malpighiaceae）。中国的马毓泉和张寿洲（1990）认为其仍与蒺藜科植物有一定亲缘关系，但也有较大差异，所以将其独立为四合木亚科，该亚科仅1属1种，足可见其系统演化上的孤立性。同时，该属仅分布于贺兰山北麓东侧与阿尔巴斯山西麓的西鄂尔多斯狭长地域内，面积很小，能够形成群落的区域就更小，是一个地理上的残遗属，是我国西北干旱区植物的"活化石"，但其系统地位及起源与演化仍有待深入研究。

（2）沙冬青属。该属为亚洲温带荒漠唯一的常绿灌木。仅有两种：一种是沙冬青（*Ammopiptanthus mongolicus*），分布在阿拉善和西鄂尔多斯；另一种是小沙冬青（*A. nanus*），分布在新疆塔里木盆地西南隅昆仑山北麓和西天山（吉尔吉斯斯坦）的狭窄地域。最初 J. Maximowicz 将其置于喜马拉雅成分的古老常绿植物黄花木属（*Piptanthus*）中，Popov（1931）认为，与南非常绿植物 *Podolyria* 有关；我国学者郑斯绪（Cheng, 1959）进行相关研究后也认为，该属具有独特的旱生特征，与黄花木属关系不大，而与南非产的 *Podolyria* 属关系较近，但也非一个近祖，属于古近纪-新近纪亚热带常绿阔叶林旱生类型的残遗种。

（3）绵刺属。该属以其花 3 基数的特征，成为蔷薇科独具特色的一属，该属目前仅有绵刺 1 种，系统演化孤立。俄国学者 Grubov 和 Egrova（1963）认为它与南非的 *Cliffortia* 属相近，而赵一之等（2003）认为，该属与东亚的金露梅属（*Dasiphora*）接近。无疑，该属是一个较古老的属，其系统地位和起源仍有待深入研究。

（4）革苞菊属。该属为强旱生多年草本，形态原始而独特，且雌雄异株，这在菊科之中是很少见的。其原被置于旋覆花族（Inuleae）中，现改入菜蓟族（Cynareae），可能起源于东亚区系的苍术属（*Atractylodes*）（马毓泉和张寿洲，1990），该属目前也仅有革苞菊 1 种，系统演化仍较孤立。

此外，百花蒿属和紊蒿属均是从蒿属分出来的单种属，也是非常相近的姊妹属，甚至有人将二者归为一属（石铸，1985）。由于花序单生枝顶，均是与蒿属较近的原始类型，可能起源于北方劳亚古陆中蒿属（*Artemisia*）的原始类群（Krascheninkov, 1946）。沙芥属的种数略多，一般认为有 4 种，除一种分布在蒙古国以外，其他 3 种均产于东阿拉善-西鄂尔多斯，它在十字花科中也十分独特，其系统分类地位一直难以确定，不同学者将其归为不同亚科中，至今尚未为其找到合适的位置，也没有发现其任何近缘属。

由上述可知东阿拉善-西鄂尔多斯高原植物具有古老性。吴征镒等（2005）认为中国特有属的起源主要是北极古近纪-新近纪、古热带古近纪-新近纪（冈瓦纳第三纪）和古地中海古近纪-新近纪。而该地区的这些干旱特有类群，极有可能大部分是古近纪-新近纪古地中海起源的。

二、新特有植物的山地分化

贺兰山山地是该地区新特有类群的分化中心，仅分布于贺兰山山地的种及种下的 35 个特有类群中，有 15 个是种下等级的变种，表现出植物类群的强烈现代分化。例如，大叶细裂槭（*Acer stenolobum* var. *megalophyllum*）和软毛细裂槭（*A.*

stenolobum var. *pubescens*）是细裂槭（*A. stenolobum*）的旱生变种。其余的仅分布于贺兰山的贺兰山荨麻（*Urtica helanshanica*）、贺兰山女娄菜（*Melandrium alaschanicum*）、耳瓣女娄菜（*Melandrium auritipetalum*）、贺兰山孩儿参（*Pseudostellaria helanshanensis*）、二柱繁缕（*Stellaria bistyla*）、阿拉善银莲花（*Anemone alaschanica*）、软毛翠雀花（*Delphinium mollipilum*）、贺兰山棘豆（*Oxytropis holanshanensis*）、阿拉善风毛菊（*Saussurea alaschanica*）等特有种，以及以贺兰山为中心，可扩展到周边山地的总序大黄（*Rheum racemiferum*）、单脉大黄（*Rheum uninerve*）、宁夏蝇子草（*Silene ningxiaensis*）、贺兰山繁缕（*Stellaria alaschanica*）、秦氏黄芪（*Astragalus chingianus*）、贺兰玄参（*Scrophularia alaschanica*）、内蒙野丁香（*Leptodermis ordosica*）、阿拉善黄芩（*Scutellaria alaschanica*）等贺兰山近特有种也大多明显为晚近分化的类群。其中有些种类，形成替代分布，如内蒙野丁香是薄皮木（*Leptodermis oblonga*）的替代、阿拉善黄芩是黄芩（*Scutellaria baicalensis*）的替代、贺兰玄参是华北玄参（*Scrophularia moellendorffii*）的替代。

此外，仅分布于狼山的狼山西风芹（*Seseli langshanense*）、微硬毛建草（*Dracocephalum rigidulum*），仅分布于雅布赖山的阿右风毛菊（*Saussurea jurineoides*）、雅布赖风毛菊（*Saussurea yabulaiensis*），以及仅分布于阿尔巴斯山的鄂尔多斯韭（*Allium alabasicum*）与内蒙亚菊（*Ajania alabasica*）6个山地特有种，也明显为现代分化类群。

位于东阿拉善-西鄂尔多斯内部的贺兰山及其毗邻山地新特有类群的分化，是与其长期的孤立演化密切相关的。这些山地周围被荒漠包围，周边地区气候干旱，而山地，特别是高大的贺兰山，由于山地效应降水量略有增加，成为荒漠中的"孤岛"，不仅大大丰富了该地区的生物多样性，相对封闭的环境也促使了新类群的分化。即使雅布赖山地处年降水量不足100mm的两大沙漠之间，并且是高度不足2000m的较小山地，也能极大地丰富该地区的生物多样性，并形成自己的特有类群，目前在该地区发现两个特有种。豆科珍稀植物红花海绵豆（*Spongiocarpella grubovii*），为亚洲戈壁荒漠特有种，在人迹罕至的雅布赖山深山中也有少量分布。

三、生物类群的强烈旱生分化

东阿拉善与西鄂尔多斯地处干旱区，区域年降水量仅为50～210mm，因为有贺兰山这样海拔在3000m以上的高大山地，极大地丰富了该地区的生物多样性，并提高了中生植物类型的比例，达到 48.1%，但旱生植物类型仍占 51.9%。其中，贺兰山包括变种和亚种在内的 819 种及种下分类群植物中，旱生植物类型占 33.1%。由此可见该地区植物区系的强烈旱化特征。

在旱生环境中，长期独立演化分化出独具特色的旱生植物类群。从具有地区特色的特有种来看，其更能够反映这种性质。在全部特有类型中，旱生植物类型占 67.3%。在 60 个山地特有种中，生活型包括小乔木、灌木、半灌木、多年生草本和一年生草本，分别占山地特有种的 10%、6.7%、3.3%、78.3% 和 1.7%；水分生态类型包括强旱生、旱生、旱中生、中旱生和中生植物，分别占山地特有种的 5.0%、30.0%、10.0%、10.0% 和 45%，由强旱生、旱生、中旱生植物组成的旱生类型共占山地特有种的 45%。可见，山地特有种有近半数为旱生植物类型，并以多年生草本为主。50 个"平原"特有种中，其生活型主要是灌木、半灌木、多年生草本和一年生草本，分别占平原特有种的 24%、8%、42%、26%。水分生态植物类型主要是强旱生、旱生、中旱生、旱中生、中生植物，分别占平原特有种的 20%、56%、2%、10% 和 12%，旱生植物类型合计占 78%。可见，平原特有种以旱生或强旱生多年生草本和灌木为主，中生植物中都是一年生草本植物。

第四节　植物多样性保护与利用

一、植物多样性保护面临的问题

东阿拉善-西鄂尔多斯地区的特有植物，通常分布区狭窄。例如，四合木集中分布于乌海市，半日花集中分布于黄河以东的鄂尔多斯市鄂托克旗棋盘井镇与阿尔巴斯山，也零星分布于乌海市低山及石质丘陵地带。2017 年研究者在黄河以西的贺兰山最南端宁夏与内蒙古交界处（明长城附近）发现了新的四合木分布区，面积也很小。近年来，矿山开发及飞速的工业化进程，导致这些特有、珍稀植物资源受到严重威胁，甚至濒临灭绝，主要表现在以下几个方面。

第一，矿山开发及工业化占地导致特有生物资源生境大面积消失，如半日花群落生境破坏严重，群落已濒临灭绝；四合木群落的生境也受到了很大干扰，其生存面临严重威胁。贺兰山除有林地区受林业部门的重视和管护外，林区外围植被的破坏却十分严重。贺兰山中、北段是"太西煤"的主产区。东坡的汝箕沟煤矿和西坡的古拉木煤矿被开采后，两地已连接成一体。矿井开采对植被的破坏比较严重。

第二，严重的工业污染和雾霾问题，致使特有生物资源生存受到不同程度的威胁。这一地区地处内蒙古鄂尔多斯市、乌海市、阿拉善盟及宁夏石嘴山市交界处，各类污染企业云集于此。由于各种矿产资源的开发，以及高耗能、高排放行业的集中布局，加之该地段海拔偏高，该地段空气污染严重。然而，该地段的西北内陆干旱，以及降水量少、降雨时段多集中于夏秋季等特点，又使其较南方类似地方，更显其地上地下的双重污染。因此，四合木、半日花自然保护区的生态保护建设更需要全社会关注。

第三，保护区区长期围封，导致植被退化。东阿拉善-西鄂尔多斯地处干旱荒漠区，水资源短缺，由于长期禁牧，群落中的灌木与半灌木等主要优势种得不到有效更新，出现了老化与死亡现象。特别是各级自然保护区，如西鄂尔多斯国家级自然保护区，长期围封，在局部地段还配置了喷灌设施，导致四合木、半日花等珍稀植物植株空心老化；群落中多年生草本生长茂盛，甚至"淹没了"四合木等优势灌木，严重影响了四合木种群的更新。

第四，保护区内缺乏科学的生态环境监测数据和系统的科学研究工作，珍稀、濒危物种保护缺乏项目支撑，对于指导资源保护工作缺乏相应的科学依据。

二、对策与建议

1. 加大宣传力度，深入了解保护干旱区生物多样性的重要性

干旱区与其他地区相比，生态条件严酷，适宜生存的物种少，生态系统及其生物多样性一旦被破坏就极难恢复，将严重影响区域的可持续发展，甚至影响当地人类的生存。西鄂尔多斯-贺兰山-东阿拉善地区是我国北方重要的生态屏障，保护这片土地的生态环境就是对国家的巨大贡献。只有让各级政府、企业及广大民众深入了解这一地区的特殊性，才能让更多的人参与到保护行动中。

2. 不断加大生态保护与建设投入，加强保护区建设和管理

西鄂尔多斯-贺兰山-东阿拉善地区目前虽然已在环境保护与治理方面取得了初步成效，但基础仍薄弱，从可持续发展的角度看，仍需要国家给予一定的生态补偿并加大保护力度，巩固保护成果。西鄂尔多斯自然保护区管理亟待加强，确保四合木等珍稀濒危物种的生存环境的安全。在重点保护区，如贺兰山、龙首山、东阿拉善和西鄂尔多斯地区，继续加大生态保护与建设投入，使生态环境得到根本性的好转。

同时要加强对珍稀濒危物种的生态监测力度，建立珍稀濒危物种数据库与信息系统，为珍稀濒危物种保护提供基础数据。此外，加大保护区珍稀濒危物种保

护项目的投入与开展力度，以项目为支撑加大保护力度。

3. 建立生态研究基地，深入开展科学研究

针对荒漠生态系统，目前我国尚无国家级生态系统研究站。东阿拉善-西鄂尔多斯地区作为世界独有的荒漠区，需尽快为其建立生态系统研究基地，深入开展荒漠生态系统环境演变、土地利用、全球气候变化、生物多样性及生态系统功能、可持续发展等领域的研究工作。设立出版基金，资助有关于荒漠区植物名录和荒漠区植被等的专著的出版。进而也为政府宏观决策制定提供依据。

4. 制定和完善自然保护区法律保护体系

现行专门立法中，《中华人民共和国自然保护区条例》（2017 年修订）属于行政法规层级，法律效力层次低，致使实践中有法难依的情况出现。结合我国实际情况，应当制定一部综合的关于保护自然保护区的法律。明确违法行为应承担的法律责任，同时对于不同类型保护区的特点，更具有针对性和可操作性。我国应完善关于环境保护、自然保护和野生动植物保护的生态相关保护法律体系。

5. 处理好保护与利用的关系

自然保护区应该把保护工作放在第一位。保护区内和边缘地区分布着一些工矿企业，如一些煤矿，会对周围的环境造成一定的破坏或污染。建议对保护区附近的一些煤矿严格限定其生产活动和范围，对矿区已被破坏的植被要全力予以恢复。地方政府应制定相关政策、法规，确保自然保护区各项保护工作的正常实施。我们要严格按习近平总书记"两山理论"的指示，正确处理自然保护与经济发展的矛盾，权衡当前利益与长远利益，走可持续发展的道路。

生物多样性保护要遵循"在保护中利用，在利用中保护"的原则。制定针对不同地区特点的生态保护规范与标准，进行一定时间的封育，恢复植被。植物与动物是协同进化和发展的，缺一不可，家畜是荒漠与草原最好的管理者。优化畜群结构，适度放牧或适度利用，有利于植被的健康发展。

（执笔人：梁存柱　李智勇　朱宗元）

参 考 文 献

马毓泉. 1980. 革包菊属及其系统位置的订正. 植物分类学报, 18(2): 217-219.

马毓泉, 张寿洲. 1990. 四合木属的系统地位研究. 植物分类学报, 28(2): 89-95.

石铸. 1985. 中国菊科春黄菊族的一个新组合. 植物分类学报, 23(6): 470-472.

王荷生, 张镱锂. 1994. 中国种子植物特有属的生物多样性和特征. 云南植物研究, 16(3): 209-220.

吴征镒, 孙航, 周浙昆, 等. 2005. 中国植物区系中的特有性及其起源和分化. 云南植物研究, 27(6): 577-604.

赵一之, 成文连, 尹俊, 等. 2003. 用 rDNA 的 ITS 序列探讨绵刺属的系统位置. 植物研究, 23(2): 402-406.

朱宗元, 梁存柱, 王炜, 等. 2003. 蒿属一新种和对该属分类及演化的讨论. 植物研究, 23(2): 147-153.

朱宗元, 马毓泉, 刘钟龄, 等. 1999. 阿拉善-鄂尔多斯生物多样性中心的特有植物和植物区系的性质. 干旱区资源与环境, 13 (2): 1-15.

Cheng S X. 1959. A new species of *Leguminosae* from Central Asia. Botany Journal of the URSS, 44:1382.

Grubov V I, Egrova T V. 1963. Plantae Asiae Centralis. Leningrad: NAUKA.

Ilijin M M. 1958. The Origin and System Development of Desert Flora in Central Asia. Moscow: USSR Academic Sciences Press.

Krascheninkov I M. 1946. An Essay of Phylogetical Analysis Some Eurasian Groups of the Genus *Artemisia* L. According the Paleogeographic Features of Eurasia. Moscow: USSR Academic Sciences Press.

Popov M G. 1931. From Mongolia to Ilong. The Compilation of Genetic and Breeding of Practical Plants, 26(3): 45-84.

附录一 华北地区自然保护区列表

序号	名称	经度（°E）	纬度（°N）	行政区	级别	建立年份	面积/hm²	类型	保护对象
1	延安黄龙山褐马鸡	110.00	35.94	陕西省黄龙县、宜川县	国家级	2001	81753	野生动物	褐马鸡及其生境
2	百花山	115.62	39.88	北京市门头沟区	国家级	1985	1700	森林生态	温带次生林
3	马山	120.40	36.45	山东省青岛市即墨区	国家级	1994	774	地质遗迹	柱状节理质理石柱、硅化木等地质遗迹
4	阳城莽河猕猴	112.44	35.27	山西省阳城县	国家级	1983	5600	野生动物	猕猴等珍稀野生动物
5	新乡黄河湿地鸟类	114.55	35.00	河南省新乡市	国家级	1988	22780	内陆湿地	天鹅、鹤类等珍禽及湿地生态系统
6	哈巴湖	107.40	37.78	宁夏回族自治区盐池县	国家级	1998	84000	荒漠生态	荒漠生态系统及湿地生态系统
7	山旺古生物化石	118.53	36.52	山东省临朐县	国家级	1980	120	古生物遗迹	古生物化石
8	围场红松洼	117.30	42.15	河北省围场满族蒙古族自治县	国家级	1994	7970	草原草甸	草原生态系统
9	泥河湾	114.68	40.27	河北省阳原县	国家级	1997	1015	地质遗迹	新生代沉积地层
10	鄂尔多斯遗鸥	109.31	39.79	内蒙古自治区鄂尔多斯市东胜区、伊金霍洛旗	国家级	1991	14800	野生动物	遗鸥及其生境
11	河南黄河湿地	111.60	34.83	河南省三门峡市、洛阳市、济源市、焦作市	国家级	1995	68000	内陆湿地	黄河过渡带综合性湿地生态系统和珍稀水禽
12	八仙山	117.55	40.18	天津市蓟州区	国家级	1984	1049	森林生态	森林生态系统
13	荣成大天鹅	122.44	37.20	山东省荣成市	国家级	2007	1675	野生动物	大天鹅等珍禽及生境
14	茅荆坝	117.73	41.66	河北省隆化县	国家级	2002	40038	森林生态	森林生态系统和野生动物

续表

序号	名称	经度（°E）	纬度（°N）	行政区	级别	建立年份	面积/hm²	类型	保护对象
15	滦河上游	117.30	41.94	河北省围场满族蒙古族自治县	国家级	2002	50600	森林生态	森林生态和野生动物
16	陕西子午岭	108.60	35.89	陕西省富县	国家级	1999	40621	森林生态	森林生态系统及水、黑鹳、金雕
17	驼梁	114.24	38.20	河北平山县	国家级	2001	21312	森林生态	森林生态系统
18	昆嵛山	121.78	37.25	山东省烟台市牟平区	国家级	2008	15417	森林生态	森林及野生动植物
19	柳江盆地地质遗迹	119.22	39.88	河北省秦皇岛市抚宁区	国家级	1999	1395	地质遗迹	地质遗迹
20	鄂托克恐龙遗迹化石	107.25	38.84	内蒙古自治区鄂托克旗	国家级	1998	46410	古生物遗迹	恐龙足迹
21	滨州贝壳堤岛与湿地	117.67	37.97	山东省无棣县	国家级	2006	43542	海洋海岸	贝壳堤岛、湿地、珍稀鸟类、海洋生物
22	蓟县地层剖面	117.26	40.08	天津市蓟州区	国家级	1984	910	地质遗迹	上中元古界地质剖面
23	小五台山	115.03	39.95	河北省蔚县、涿鹿县	国家级	1983	21833	森林生态	温带森林生态系统及褐马鸡
24	天津古海岸	117.90	39.45	天津市滨海新区	国家级	1984	35900	古生物遗迹	贝壳堤、牡蛎滩古海岸遗迹、滨海湿地
25	宁夏贺兰山	106.12	38.93	宁夏回族自治区银川市，贺兰县	国家级	1982	157800	森林生态	森林生态系统及野生动植物资源
26	芦芽山	111.91	38.68	山西省宁武县、岢岚县	国家级	1980	21453	野生动物	褐马鸡及华北落叶松、云杉次生林
27	灵武白芨滩	106.50	38.14	宁夏回族自治区灵武市	国家级	1985	74800	荒漠生态	天然柠条母树林及沙生植被
28	黄河三角洲	118.75	37.65	山东省东营市	国家级	1990	153000	海洋海岸	河口湿地生态系统及珍禽
29	庞泉沟	111.45	37.85	山西省交城县、方山县	国家级	1980	10466	野生动物	褐马鸡及华北落叶松、云杉等森林生态系统
30	宁夏罗山	106.31	37.26	宁夏回族自治区同心县	国家级	1982	33710	森林生态	珍稀野生动植物及森林生态系统
31	五鹿山	111.20	36.55	山西省蒲县、隰县	国家级	1993	14350	野生动物	褐马鸡及其生境
32	六盘山	106.27	35.62	宁夏回族自治区泾源县、隆德县、固原市原州区	国家级	1982	67800	森林生态	水源涵养林及野生动物

续表

序号	名称	经度(°E)	纬度(°N)	行政区	级别	建立年份	面积/hm²	类型	保护对象
33	历山	111.98	35.39	山西省垣曲县、沁水县	国家级	1983	24800	森林生态	森林植被及金钱豹、金雕等野生动物
34	太白山	107.64	33.96	陕西省太白县、眉县	国家级	1965	56325	森林生态	森林生态系统及大熊猫、扭角羚羊等濒危动物
35	伏牛山	111.57	33.75	河南省西峡县	国家级	1982	56024	森林生态	过渡带森林生态系统
36	鸡公山	114.05	31.87	河南省信阳市	国家级	1982	3000	森林生态	森林生态系统及野生动物
37	大海陀	115.82	40.62	河北省赤城县	国家级	1999	11225	森林生态	森林生态系统
38	衡水湖	115.58	37.67	河北省衡水市	国家级	2000	18800	内陆湿地	湿地生态系统及鸟类
39	太行山猕猴	112.49	35.19	河南省济源市、沁阳市	国家级	1982	56600	野生动物	猕猴及森林生态系统
40	小秦岭	110.53	34.40	河南省灵宝市	国家级	1982	15160	森林生态	森林生态系统及野生动植物资源
41	内蒙贺兰山	105.94	39.04	内蒙古自治区阿拉善左旗	国家级	1992	67710	森林生态	水源涵养林及野生动植物
42	太统-崆峒山	106.52	35.51	甘肃省平凉市崆峒区	国家级	1982	16283	森林生态	温带落叶阔叶林及野生生动植物
43	松山	115.79	40.53	北京市延庆区	国家级	1986	4667	森林生态	温带森林及野生动植物
44	陇县秦岭细鳞鲑	106.63	34.80	陕西省陇县	国家级	2001	6559	野生动物	细鳞鲑及其生境
45	沙坡头	104.95	37.43	宁夏回族自治区中卫市	国家级	1984	13722	荒漠生态	自然沙生植被及人工治沙植被
46	西鄂尔多斯	107.21	39.70	内蒙古自治区鄂托克旗、乌海市	国家级	1986	474500	野生植物	四合木、半日花等珍稀植物
47	内蒙古大青山	111.16	40.87	内蒙古自治区呼和浩特市、土默特左旗、土默特右旗	国家级	1996	388577	森林生态	森林生态系统
48	哈腾套海	106.46	40.72	内蒙古自治区磴口县	国家级	1995	123600	荒漠生态	绵刺及荒漠草原
49	连康山	114.80	31.62	河南省新县	国家级	1982	10580	森林生态	常绿阔叶与落叶阔叶混交林
50	宝天曼	111.95	33.46	河南省内乡县	国家级	1980	5413	森林生态	过渡带森林生态系统及珍稀植物
51	河北雾灵山	117.50	40.56	河北省兴隆县	国家级	1988	14247	森林生态	温带森林、猕猴分布北限

续表

序号	名称	经度（°E）	纬度（°N）	行政区	级别	建立年份	面积/hm²	类型	保护对象
52	山东长岛国家级自然保护区	120.67	38.00	山东省烟台市长岛县	国家级	1988	5015.2	野生动物	鸟类及野生动植物
53	六棱山	111.68	37.32	山西省大同市、阳高县、浑源县、广灵县	省级	2005	12000	森林生态	落叶阔叶林、针阔混交林
54	嶂石岩	114.38	37.67	河北省赞皇县	省级	2005	23772	森林生态	嶂石岩地貌及森林
55	蒲洼	116.13	39.75	北京市房山区	省级	2005	5397	森林生态	森林生态系统
56	四座楼	117.12	40.13	北京市平谷区	省级	2002	20000	森林生态	森林生态系统
57	汉石桥湿地	116.65	40.13	北京市顺义区	省级	2005	1615	内陆湿地	湿地生态系统及野生动植物
58	合水子午岭	108.02	35.82	甘肃省合水县、华池县、正宁县	省级	2005	242106	森林生态	水源涵养林及野生动植物
59	白洋淀湿地	115.93	38.92	河北省安新县	省级	2002	31200	内陆湿地	湿地生态系统
60	北大山	118.17	40.77	河北省承德县	省级	2009	10185	森林生态	森林生态系统
61	丰宁古生物化石	116.65	41.20	河北省丰宁满族自治县	省级	2008	5256	古生物遗迹	古生物化石
62	海兴湿地鸟类	117.48	38.13	河北省海兴县	省级	2005	16800	内陆湿地	湿地生态系统及鸟类
63	小山火山	117.48	38.13	河北省海兴县	省级	2003	1381	地质遗迹	火山遗迹
64	都山	118.48	40.60	河北省宽城满族自治县	省级	2001	19648	森林生态	森林生态系统
65	千鹤山	118.48	40.60	河北省宽城满族自治县	省级	2003	14038	野生动物	苍鹭及其生境
66	石臼坨诸岛	118.90	39.42	河北省乐亭县	省级	2002	3775	海洋海岸	海洋生态系统及鸟类
67	白草洼	117.33	40.93	河北省滦平县	省级	2007	17680	草原草甸	森林草原
68	辽河源	118.68	41.00	河北省平泉县	省级	2003	45225	森林生态	森林生态系统
69	唐海湿地鸟类	118.45	39.27	河北省曹妃甸区	省级	2003	11064	内陆湿地	湿地生态系统及鸟类
70	青崖寨	114.20	36.70	河北省武安市	省级	2006	21600	森林生态	森林及珍稀野生动植物
71	六里坪	117.52	40.43	河北省兴隆县	省级	2007	16088	森林生态	温带森林生态系统

续表

序号	名称	经度(°E)	纬度(°N)	行政区	级别	建立年份	面积/hm²	类型	保护对象
72	固始淮河湿地	115.68	32.18	河南省固始县	省级	2007	4388	内陆湿地	湿地生态系统
73	万宝山	113.82	36.07	河南省林州市	省级	2004	8667	森林生态	森林及野生动植物
74	白龟山湿地	113.18	33.77	河南省平顶山市	省级	2007	6600	内陆湿地	湿地及野生动物
75	濮阳黄河湿地	115.02	35.70	河南省濮阳县	省级	2007	3300	内陆湿地	珍稀濒危鸟类及湿地
76	四望山	114.05	32.12	河南省信阳市浉河区	省级	2004	14000	森林生态	森林生态系统
77	都斯图河	108.07	39.03	内蒙古自治区鄂托克旗	省级	2003	38000	内陆湿地	河流湿地及野生动植物
78	毛盖图	107.48	38.18	内蒙古自治区鄂托克前旗	省级	2003	83246	荒漠生态	荒漠植被及野生动植物
79	脑木更第三系剖面遗迹	111.70	41.52	内蒙古自治区四子王旗	省级	1997	10410	地质遗迹	第三系地层剖面
80	海原南华山	105.65	36.57	宁夏回族自治区海原县	省级	2004	20100	森林生态	水源涵养林、野生动植物
81	西吉火石寨	105.73	35.97	宁夏回族自治区西吉县	省级	2002	9795	地质遗迹	地质遗迹、野生动物
82	党家岔	105.73	35.97	宁夏回族自治区西吉县	省级	2002	4100	内陆湿地	湿地生态系统及野生动植物
83	千里岩岛	121.15	36.78	山东省海阳市	省级	2002	1823	海洋海岸	岛屿与海洋生态系统
84	浮来山	118.83	35.58	山东省莒县	省级	2001	490	地质遗迹	震旦纪灰岩山层型剖面、古生物化石
85	莱阳老寨山	120.70	36.98	山东省莱阳市	省级	2007	2908.5	森林生态	森林生态系统
86	大瓢山	120.52	37.65	山东省龙口市	省级	2010	2326	森林生态	森林生态系统
87	黄水河河口湿地	120.52	37.65	山东省龙口市	省级	2009	1027.9	内陆湿地	河口湿地生态系统及珍禽
88	依岛	120.52	37.65	山东省龙口市	省级	2008	85.49	地质遗迹	火山岩砾石、潮间带地质景观
89	太平山	117.77	35.92	山东省新泰市	省级	2009	3733.3	森林生态	森林生态系统
90	银湖	121.25	37.50	山东省烟台市福山区	省级	2008	6043.4	内陆湿地	湿地生态系统
91	石榴园	117.58	34.77	山东省枣庄市峄城区	省级	2002	4642	野生植物	青檀树、石榴林
92	招远罗山	120.40	37.37	山东省招远市	省级	2007	9479.6	森林生态	森林生态系统

续表

序号	名称	经度 (°E)	纬度 (°N)	行政区	级别	建立年份	面积/hm²	类型	保护对象
93	红泥寺	112.25	36.15	山西省安泽县	省级	2005	20700	森林生态	落叶阔叶林、针阔混交林
94	贺家山	111.08	39.02	山西省保德县	省级	2005	18642	森林生态	森林生态系统及褐马鸡
95	壶流河湿地	114.28	39.77	山西省广灵县	省级	2007	12918	内陆湿地	黑鹳繁殖地及湿地生态系统
96	恒山	113.68	39.70	山西省浑源县	省级	2005	11497	森林生态	森林生态系统
97	管头山	110.68	36.10	山西省吉县	省级	2005	10140	森林生态	天然白皮松林
98	翼城翅果油树	111.72	35.73	山西省翼城县	省级	2005	10116	森林生态	翅果油树及其生境
99	野河	107.87	34.37	陕西省扶风县	省级	2004	10996	野生动物	金钱豹、金雕等野生动物
100	柴松	109.37	35.98	陕西省富县	省级	2004	17640	野生动物	金钱豹、金雕、黑鹳等野生动物
101	桥山	109.37	35.98	陕西省富县	省级	2009	24651	森林生态	森林生态系统
102	劳山	109.35	36.28	陕西省甘泉县	省级	2009	20317	森林生态	森林生态系统
103	韩城黄龙山褐马鸡	110.43	35.48	陕西省韩城市	省级	2003	60439	野生动物	褐马鸡及其生境
104	无定河	109.28	37.95	陕西省榆林市横山区	省级	2009	11480	内陆湿地	湿地生态系统
105	安舒庄	107.78	34.68	陕西省麟游县	省级	2011	11016	森林生态	森林及野生动植物
106	洛南大鲵	110.13	34.08	陕西省洛南县	省级	1999	5715	野生动物	大鲵及其生境
107	千湖湿地	107.13	34.65	陕西省千阳县	省级	2006	7156	内陆湿地	湿地生态系统及珍禽
108	铜川香山	108.98	34.92	陕西省铜川市耀州区	省级	2004	14196	野生动物	黑鹳、林麝等野生动物
109	太安	109.12	35.40	陕西省宜君县	省级	2004	25871	野生动物	金钱豹、金雕、林麝等野生动物
110	青龙湾	117.30	39.72	天津市宝坻区	省级	2003	416	森林生态	防风固沙林
111	大黄堡	117.03	39.38	天津市武清区	省级	2004	11200	内陆湿地	湿地生态系统
112	泰山	117.12	36.27	山东省泰安市	省级	2006	11892	森林生态	森林生态系统
113	龙池曼	112.01	33.80	河南省嵩县	省级	1982	7573	森林生态	山地混合森林生态系统
114	西峡大鲵	111.40	33.42	河南省西峡县	省级	1982	1000	野生动物	大鲵及其生境

续表

序号	名称	经度（°E）	纬度（°N）	行政区	级别	建立年份	面积/hm²	类型	保护对象
115	石峡沟泥盆系剖面	105.75	37.43	宁夏回族自治区中宁县	省级	1990	4500	地质遗迹	泥盆系地质剖面第三系地质剖面
116	枣庄抱犊崮	117.69	34.98	山东省枣庄市山亭区	省级	2003	3500	森林生态	森林生态系及珍稀动植物
117	绵山	112.05	37.08	山西省介休市	省级	1993	17800	森林生态	天然油松林、金钱豹等
118	团泊鸟类	117.14	38.87	天津市静海区	省级	1995	6040	野生动物	珍稀候鸟及其生境
119	沙湖	106.33	38.81	宁夏回族自治区平罗县	省级	1997	5580	内陆湿地	湿地生态系统及珍禽
120	大公岛	120.24	36.38	山东省青岛市	省级	2001	1603	海洋海岸	海洋生态系统及鸟类
121	围场御道口	117.10	42.27	河北省围场满族蒙古族自治县	省级	2002	32620	野生动物	大鸨、白枕鹤等珍贵动物
122	漫山	114.39	38.33	河北省灵寿县	省级	2001	12028	野生动物	野生动物及其生境
123	南大港湿地和鸟类	116.89	38.34	河北省沧州市运河区	省级	1995	13380	内陆湿地	湿地生态系及鸟类
124	忻州五台山	113.56	39.03	山西省五台县	省级	1986	3300	草原草甸	高寒草甸生态系统
125	石花洞	115.92	39.84	北京市房山区	省级	2000	3650	地质遗迹	岩溶洞穴
126	野鸭湖	115.97	40.45	北京市延庆区	省级	2000	8700	内陆湿地	湿地鸟类
127	云蒙山	106.80	40.77	北京市密云区	省级	2000	3900	森林生态	次生林自然演替
128	云峰山	116.85	40.37	北京市密云区	省级	2000	2200	森林生态	天然油松林
129	喇叭沟门	116.49	40.89	北京市怀柔区	省级	1991	18500	森林生态	森林生态系及其功能
130	长清寒武纪地质遗迹	116.57	36.37	山东省济南市长清区	省级	2001	262	地质遗迹	寒武纪地质遗迹
131	蓬莱艾山	120.79	37.52	山东省蓬莱市	省级	2002	9824.6	森林生态	典型森林生态系统及珍稀动植物
132	马谷山	117.97	38.00	山东省无棣县	省级	1999	13.16	地质遗迹	地质遗迹
133	费县大青山	117.97	35.26	山东省费县	省级	2000	4000	森林生态	森林植被
134	怀沙河怀九河	116.50	40.33	北京市怀柔区	省级	1996	111	野生动物	大鲵、中华九刺鱼等野生动物
135	拒马河	115.54	39.72	北京市房山区	省级	1996	1125	野生动物	大鲵等水生野生动物
136	黄骅古贝壳堤	117.50	38.29	河北省黄骅市	省级	1995	117	古生物遗迹	古贝壳堤

续表

序号	名称	经度（°E）	纬度（°N）	行政区	级别	建立年份	面积/hm²	类型	保护对象
137	密云雾灵山	117.37	40.60	北京市密云区	省级	2000	4200	森林生态	天然植被森林生态系统
138	人祖山	110.69	36.25	山西省吉县	省级	2002	15900	森林生态	森林生态系统及褐马鸡、原麝
139	四县垴	112.61	37.18	山西省祁县	省级	2002	16000	森林生态	森林生态系统及金钱豹、黄羊
140	超山	112.38	37.02	山西省平遥县	省级	2002	18600	森林生态	森林生态系统
141	八缚岭	112.85	37.64	山西省晋中市榆次区	省级	2002	15300	森林生态	森林生态系统及金钱豹
142	汾河上游	111.83	38.12	山西省娄烦县	省级	2002	27000	森林生态	森林生态系统及褐马鸡、金钱豹
143	黑茶山	111.34	38.32	山西省兴县	省级	2002	25700	森林生态	森林生态系统及褐马鸡
144	朔州紫金山	112.69	39.18	山西省朔州市朔城区	省级	2002	11400	森林生态	森林生态系统
145	应县南山	113.35	39.37	山西省应县	省级	2002	27426	森林生态	华北落叶松林
146	桑干河	113.33	39.89	山西省朔州市、怀仁市、大同市、阳高县	省级	2002	69600	野生动物	迁徙水禽及其生境
147	繁峙臭冷杉	113.47	39.13	山西省繁峙县	省级	2002	25000	森林生态	臭冷杉林
148	忻州云中山	112.63	38.45	山西省忻州市忻府区	省级	2002	39800	森林生态	森林生态系统、褐马鸡
149	孟信垴	113.55	36.95	山西省左权县	省级	2002	39047	森林生态	森林生态系统及金钱豹
150	铁桥山	113.55	37.33	山西省和顺县	省级	2002	35352	森林生态	森林生态系统及金钱豹
151	韩信岭	111.59	36.83	山西省灵石县	省级	2002	16054	森林生态	森林生态系统
152	团圆山	110.76	37.00	山西省石楼县	省级	2002	16500	森林生态	森林及褐马鸡、金钱豹等野生动植物
153	涞水河源头	111.71	35.55	山西省绛县	省级	2002	23100	森林生态	森林生态系统
154	太宽河	111.44	35.04	山西省夏县	省级	2002	23900	森林生态	森林生态系统及金钱豹、金雕
155	蔚汾河	111.38	38.50	山西省兴县	省级	2002	16900	森林生态	森林生态系统及褐马鸡、原麝
156	薛公岭	111.35	37.39	山西省吕梁市离石区	省级	2002	20000	森林生态	森林生态系统及褐马鸡

续表

序号	名称	经度(°E)	纬度(°N)	行政区	级别	建立年份	面积/hm²	类型	保护对象
157	嵋山	112.37	35.64	山西省阳城县	省级	2002	10000	森林生态	森林生态系统
158	云顶山	111.64	37.93	山西省娄烦县	省级	2002	23000	森林生态	森林生态系统及金钱豹、褐马鸡
159	泽州猕猴	112.92	35.38	山西省泽州县	省级	2002	93800	野生动物	猕猴及森林生态系统
160	浊漳河源头	112.60	36.82	山西省沁县	省级	2002	14200	森林生态	森林生态系统
161	陵川南方红豆杉	113.33	35.57	山西省陵川县	省级	2002	21400	野生植物	南方红豆杉及其生境
162	药林寺冠山	113.50	37.75	山西省平定县	省级	2002	11000	野生动物	金钱豹、青药、森林生态系统
163	中央山	113.33	36.67	山西省黎城县	省级	2002	32700	森林生态	森林生态系统及金钱豹
164	凌井沟	112.36	38.15	山西省阳曲县	省级	2002	24900	森林生态	森林生态系统及褐马鸡、金钱豹
165	霍山	111.89	36.48	山西省霍州市、古县、洪洞县	省级	2002	17900	森林生态	森林生态系统及金钱豹、金雕
166	黄龙山	109.80	35.50	陕西省黄龙县	省级	2004	35563	野生植物	金钱豹、金雕等珍稀野生动物
167	泾渭湿地	108.95	34.27	陕西省西安市灞桥区	省级	2001	6400	内陆湿地	湿地及水禽
168	鄂托克甘草	107.79	39.24	内蒙古自治区鄂托克旗	省级	2003	144800	野生植物	甘草及荒漠生态系统
169	乌拉山	109.26	41.08	内蒙古自治区乌拉特前旗	省级	2003	83160	森林生态	侧柏林及天然次生林生态系统
170	仰天山	118.28	36.46	山东省青州市	省级	1999	2000	森林生态	森林生态系统及珍稀动植物
171	宿鸭湖湿地	114.26	32.71	河南省汝南县	省级	2001	16700	内陆湿地	湿地生态及鸟类
172	湍河湿地	111.83	33.05	河南省内乡县	省级	2001	4547	内陆湿地	湿地生态及鸟类
173	鲇鱼山	115.42	31.81	河南省商城县	省级	2001	5805	内陆湿地	湿地生态系统
174	信阳天目山	113.85	32.06	河南省信阳市平桥区	省级	2001	6750	森林生态	森林生态系统
175	淮滨淮南湿地	115.41	32.44	河南省淮滨县	省级	2001	3400	内陆湿地	湿地生态系统
176	胶州艾山	119.93	36.32	山东省胶州市	省级	2001	860	地质遗迹	地质遗迹
177	太白酒水河	107.30	34.09	陕西省太白县	省级	1990	5343	野生动物	大鲵等水生物
178	黄龙铺-石门地质剖面	109.75	34.21	陕西省洛南县、蓝田县	省级	1987	100	地质遗迹	远古界岩相剖面

续表

序号	名称	经度（°E）	纬度（°N）	行政区	级别	建立年份	面积/hm²	类型	保护对象
179	梅力更	109.67	40.70	内蒙古自治区包头市九原区	省级	2000	22700	森林生态	天然侧柏林
180	毛乌素沙地柏	108.83	38.51	内蒙古自治区乌审旗	省级	2000	31250	荒漠生态	臭柏及荒漠草原
181	库布其沙漠	108.69	40.06	内蒙古自治区杭锦旗	省级	2000	15000	野生植物	柠条种源基地及荒漠草原
182	白音恩格尔荒漠	108.10	40.12	内蒙古自治区杭锦旗	省级	2000	26210	野生植物	四合木及荒漠草原
183	南海子湿地	110.00	40.58	内蒙古自治区包头市东河区	省级	2001	1664	内陆湿地	湿地生态系统及鸟类
184	巴音杭盖	109.85	41.50	内蒙古自治区达尔罕茂明安联合旗	省级	2001	49650	荒漠生态	荒漠草原
185	阿尔其山又枝圆柏	108.49	41.80	内蒙古自治区乌拉特中旗	省级	2000	14800	野生植物	又枝圆柏及沙地
186	高乐山	113.54	32.48	河南省桐柏县	省级	2004	9060	森林生态	水源涵养林
187	黄旗海湿地	113.28	40.84	内蒙古自治区察哈尔右翼前旗	省级	1996	36800	内陆湿地	湿地生态系统及珍稀鱼类
188	朝阳寺木化石	116.42	40.69	北京市延庆区	省级	2000	2050	古生物遗迹	木化石
189	北大港湿地	117.40	38.78	天津市滨海新区	省级	1999	34887	内陆湿地	湿地生态系统
190	鲁山	118.10	36.30	山东省淄博市博山区、沂源县	省级	2006	13070	森林生态	森林生态系统
191	石门山	108.67	35.43	陕西省旬邑县	省级	2000	30049	森林生态	森林生态系统
192	苏木山	113.97	40.88	内蒙古自治区兴和县	省级	1999	16700	森林生态	次生林及野生动植物
193	之莱山	120.63	37.53	山东省龙口市	省级	2002	10277	森林生态	典型森林生态系统
194	牙山	120.70	37.26	山东省栖霞市	省级	2003	17900	森林生态	森林及野生动物
195	大基山	120.05	37.11	山东省莱州市	省级	2007	8753	森林生态	森林、山脉景点、石刻
196	招虎山	121.17	36.77	山东省海阳市	省级	2006	7061	野生动物	野生动植物
197	四子王旗哺乳动物化石	111.67	41.50	内蒙古自治区四子王旗	省级	1997	48	古生物遗迹	哺乳动物化石
198	青要山	112.08	34.75	河南省新安县	省级	1988	4000	野生动物	大鲵及其生境

续表

序号	名称	经度（°E）	纬度（°N）	行政区	级别	建立年份	面积/hm²	类型	保护对象
199	哈素海	110.95	40.60	内蒙古自治区土默特左旗	省级	1996	18140	内陆湿地	湿地生态系统及鸟类
200	辉县石门沟	113.61	35.55	河南省辉县市	省级	1990	40000	野生动物	猕猴等动物及青檀 太行花等植物
201	合阳黄河湿地	110.28	35.20	陕西省合阳县、韩城市、大荔县、华阴市	省级	1996	57348	内陆湿地	湿地及珍禽
202	青铜峡库区	106.10	38.10	宁夏回族自治区青铜峡市	省级	2002	19500	内陆湿地	水禽湿地生态系统
203	杭锦淖尔	108.10	40.12	内蒙古自治区杭锦旗	省级	2003	85750	内陆湿地	黄河滩湿地及大天鹅、大天鹅等栖息地
204	准格尔地质遗迹	110.78	39.78	内蒙古自治区准格尔旗	省级	1999	1740	古生物遗迹	恐龙化石
205	巴彦满都呼恐龙化石	106.39	41.52	内蒙古自治区乌拉特后旗	省级	2000	3250	古生物遗迹	恐龙化石
206	阿左旗恐龙化石	105.10	39.64	内蒙古自治区阿拉善左旗	省级	1999	90570	古生物遗迹	恐龙化石
207	盘山	117.30	40.10	天津市蓟州区	省级	1984	710	森林生态	森林生态系统、风景名胜古迹
208	天龙山	112.34	37.79	山西省太原市晋源区	省级	1993	2867	森林生态	森林生态系统及金雕、褐马鸡
209	灵空山	112.24	36.87	山西省沁源县	省级	1993	1334	森林生态	森林及野生动植物
210	徂徕山	117.31	36.03	山东省泰安市	省级	2006	10915	森林生态	森林生态系统
211	老县城	107.74	33.78	陕西省周至县	省级	1993	12611	野生动物	大熊猫及其生境
212	原山	117.83	36.50	山东省淄博市博山区	省级	2006	13914	森林生态	石灰岩山地森林生态带
213	烟台沿海防护林	120.79	37.61	山东省烟台市	省级	2006	22777.2	森林生态	沿海防护林带
214	大寨山	116.46	36.29	山东省平阴县	省级	2010	1200	森林生态	森林生态系统
215	莱阳五龙河	120.70	36.98	山东省莱阳市	省级	2013	1824.5	内陆湿地	湿地生态系统
216	黄柏塬	107.60	33.79	陕西省太白县	省级	2006	21865	野生动物	大熊猫等野生动物
217	云雾山	106.39	36.26	宁夏回族自治区固原市	省级	1982	4000	森林生态	森林及野生动植物
218	灵丘黑鹳	114.16	39.20	山西省灵丘县	省级	2002	134700	野生动物	黑鹳及森林生态系统

续表

序号	名称	经度（°E）	纬度（°N）	行政区	级别	建立年份	面积/hm²	类型	保护对象
219	卢氏大鲵	110.97	33.83	河南省卢氏县	省级	1982	184350	野生动物	大鲵及其生境
220	周至黑河湿地	108.27	34.18	陕西省周至县	省级	2006	13126	内陆湿地	湿地生态系统
221	岱海湖湿地	112.69	40.55	内蒙古自治区凉城县	省级	1999	12970	内陆湿地	湖泊生态系统
222	乌梁素海湿地水禽	108.89	40.98	内蒙古自治区乌拉特前旗	省级	1993	29300	野生动物	水禽及其生境
223	运城湿地	110.99	34.98	山西省运城市	省级	1993	4800	野生动物	天鹅等珍禽及其越冬栖息地
224	腾格里沙漠	104.34	38.31	内蒙古自治区阿拉善左旗	省级	2003	1006450	荒漠生态	荒漠生态系统
225	青岛崂山省级自然保护区	120.62	36.17	山东省青岛市	省级	2001	44855	森林生态	暖温带森林生态系统
226	胶南灵山岛省级自然保护区	120.18	35.76	山东省青岛市	省级	2002	3283	海洋海岸	生物多样性
227	平度大泽山省级自然保护区	120.00	37.00	山东省平度市	省级	2006	9783	森林生态	生物多样性
228	烟台庙岛群岛海豹省级自然保护区	121.38	37.60	山东省烟台市长岛综合试验区	省级	2001	173100	野生动物	斑海豹及生态环境
229	烟台蛇蝲列岛省级自然保护区	121.52	37.56	山东省烟台市芝罘区	省级	2003	7690	海洋海岸	水产资源原种、岛礁地貌
230	莱山围子山省级自然保护区	121.49	37.35	山东省烟台市莱山区	省级	2009	2509	森林生态	森林生态系统
231	牟平牟山省级自然保护区	121.39	37.21	山东省烟台市牟平区	省级	2012	1485.2	森林生态	森林生态系统
232	山东南四湖省级自然保护区	116.58	35.00	山东省济宁市微山县	省级	2003	127547	内陆湿地	水生植物、湿地生态系统

续表

序号	名称	经度(°E)	纬度(°N)	行政区	级别	建立年份	面积/hm²	类型	保护对象
233	荣成成山头省级自然保护区	122.53	37.37	山东省荣成市	省级	2002	6015.39	海洋海岸	海洋生物
234	泗水泉林	117.50	35.63	山东省泗水县	市级	1987	270	内陆湿地	保护和开发泉林水资源
235	玉渡山	116.29	40.49	北京市延庆区	市级	1999	9820	森林生态	天然植被及森林与野生动植物
236	大滩	116.37	40.61	北京市延庆区	市级	1999	12100	森林生态	天然次生林及野生动植物
237	太安山	115.98	40.57	北京市延庆区	市级	1999	3470	森林生态	森林植被与野生动物
238	前三岛	119.46	35.42	山东省日照市	市级	1992	41200	海洋海岸	青岛文昌鱼、海参、鲍鱼、海胆
239	柳埠	117.23	36.38	山东省济南市历城区	市级	2001	3420	森林生态	防护林
240	马西林场	115.67	36.24	山东省莘县	市级	2001	3800	森林生态	防风固沙林
241	西沙河	115.45	35.47	山东省冠县	市级	2001	11200	森林生态	防风固沙林
242	金牛湖	115.97	40.47	北京市延庆区	市级	1999	1000	野生动物	湿地候鸟及其生境
243	白河堡	115.97	40.47	北京市延庆区	市级	1999	8260	森林生态	水源涵养林
244	崮山	120.71	37.45	山东省栖霞市	市级	1999	1800	森林生态	森林及野生动物
245	清平林场	116.07	36.75	山东省高唐县	市级	2001	4200	森林生态	防风固沙林
246	杏岭	114.50	37.28	河北省内丘县	市级	2001	400	森林生态	天然次生林
247	辉腾锡勒	112.39	41.50	内蒙古自治区察哈尔右翼中旗	市级	1998	16750	草原草甸	草原、冰川遗迹
248	乌兰哈达火山群	112.39	41.50	内蒙古自治区察哈尔右翼后旗	市级	1999	200	地质遗迹	火山地质地貌
249	延庆莲花山	116.08	40.39	北京市延庆区	市级	1999	1470	森林生态	天然植被及人文景观
250	峄山	116.85	35.35	山东省邹城市	市级	1999	5000	森林生态	森林地貌景观
251	东平湖湿地	116.30	35.91	山东省东平县	市级	2003	25928	内陆湿地	湿地及水禽
252	腊山	116.30	35.91	山东省东平县	市级	2000	2804	森林生态	森林生态系统
253	邹城十八盘	116.95	35.36	山东省邹城市	市级	1999	3000	森林生态	森林植被

续表

序号	名称	经度（°E）	纬度（°N）	行政区	级别	建立年份	面积/hm²	类型	保护对象
254	蔡右后旗天鹅湖	113.18	41.45	内蒙古自治区察哈尔右翼后旗	市级	2004	2600	野生动物	鸟类及其生境
255	丰镇红山	113.15	40.43	内蒙古自治区丰镇市	市级	2000	45000	森林生态	森林及野生动植物
256	摇林沟	111.68	39.92	内蒙古自治区清水河县	市级	1997	5170	野生动物	黄羊、梅花鹿及其生境
257	脑木更胡杨林	111.70	41.52	内蒙古自治区四子王旗	市级	1999	32	野生植物	胡杨林及其生境
258	兴和地层剖面	113.88	40.88	内蒙古自治区兴和县	市级	2000	1200	地质遗迹	太古界地层剖面
259	红召	112.57	40.90	内蒙古自治区卓资县	市级	2004	10500	森林生态	森林生态系统
260	鱼山	116.25	36.33	山东省东阿县	市级	2004	5333	森林生态	森林生态系统、历史遗迹
261	莱州湾	119.93	37.18	山东省莱州市	市级	2005	13975	内陆湿地	湿地生态系统
262	苍马山	118.65	34.92	山东省临沭县	市级	2005	3000	森林生态	森林生态系统
263	景阳冈	115.78	36.12	山东省阳谷县	市级	2004	25.33	野生植物	合欢树、古柏
264	爷台山	108.58	34.78	陕西省淳化县	市级	2003	10000	野生动物	金钱豹、锦鸡等野生动物
265	横山臭柏	109.28	37.95	陕西省横山区	市级	2000	12983	森林生态	臭柏林
266	榆阳臭柏	109.75	38.28	陕西省榆林市榆阳区	市级	2000	12983	森林生态	臭柏林
267	翠屏山	108.13	34.70	陕西省府谷县	市级	2003	19200	森林生态	森林生态系统
268	霸王河	113.66	41.10	内蒙古自治区乌兰察布市集宁区	市级	1985	1500	内陆湿地	水域生态系统及水源
269	老岭	119.33	40.09	河北省青龙满族自治县	市级	1992	15800	森林生态	温带森林生态系统
270	府谷杜松	110.81	39.17	陕西省府谷县	市级	1982	6400	森林生态	杜松林
271	青岛文昌鱼水生野生动物市级自然保护区	121.00	36.00	山东省青岛市	市级	2004	6181	野生动物	文昌鱼及其生存环境
272	烟台大沽夹河湿地市级自然保护区	121.29	37.53	山东省莱州市	市级	2005	2005.02	内陆湿地	湿地

续表

序号	名称	经度（°E）	纬度（°N）	行政区	级别	建立年份	面积/hm²	类型	保护对象
273	莱芜华山林场市级自然保护区	117.51	36.38	山东省济南市莱芜区	市级	1994	8600	森林生态	森林生态系统
274	莒南马鬐山市级自然保护区	118.91	35.34	山东省临沂市莒南县	市级	2005	4210	森林生态	野生动物、野生植物
275	阿贵庙	111.10	39.75	内蒙古自治区准格尔旗	县级	1987	107	荒漠生态	荒漠植被
276	白二爷沙坝	111.52	40.35	内蒙古自治区和林格尔县	县级	1996	8000	荒漠生态	荒漠生态系统及野生动植物
277	红碱淖	109.89	39.09	陕西省神木市	县级	1996	21700	内陆湿地	湿地及珍禽
278	五彩山	118.47	35.54	山东省沂南县	县级	1998	2050	森林生态	森林生态系统
279	大漠沙湖	108.10	40.12	内蒙古自治区杭锦旗	县级	2000	300	野生动物	白天鹅等珍禽及其生境
280	额济纳旗梭梭林	110.30	41.40	内蒙古自治区额济纳旗	县级	1998	66700	荒漠生态	梭梭林
281	引黄济清渠道	118.12	37.12	山东省博兴县	县级	1992	300	野生动物	鸟类
282	嵩县大鲵	112.02	33.74	河南省嵩县	县级	1996	600	野生动物	大鲵及其生境
283	北大山	118.47	35.54	山东省沂南县	县级	2000	6600	森林生态	森林生态系统
284	鼻子山	118.47	35.54	山东省沂南县	县级	2000	7100	森林生态	森林生态系统
285	大荔沙苑	110.02	34.82	陕西省大荔县	县级	1999	5000	荒漠生态	荒漠生态系统
286	葛渔城	116.68	39.52	河北省廊坊市安次区	县级	2004	5006	森林生态	生态防护林
287	蒋福山	117.07	39.98	河北省三河市	县级	2001	5170	森林生态	森林及野生植物
288	栾川大鲵	111.62	33.78	河南省栾川县	县级	1995	800	野生动物	大鲵及其生境
289	春坤山	110.05	41.03	内蒙古自治区固阳县	县级	1999	9500	草原草甸	山地草甸草原
290	红花敖包	110.05	41.03	内蒙古自治区固阳县	县级	2005	6000	草原草甸	荒漠草原生态系统
291	东西摩天岭	111.82	40.38	内蒙古自治区和林格尔县	县级	2001	3000	野生植物	野生药用植物及其生境
292	石人湾	111.68	40.80	内蒙古自治区呼和浩特市赛罕区	县级	1999	3000	野生动物	天鹅、黑鹳等珍禽及其栖息地

续表

序号	名称	经度（°E）	纬度（°N）	行政区	级别	建立年份	面积/hm²	类型	保护对象
293	马头山麓	112.48	40.53	内蒙古自治区凉城县	县级	1998	18000	野生动物	野生动物及其生境
294	蛮汉山	112.48	40.53	内蒙古自治区凉城县	县级	1998	30000	森林生态	森林及野生动植物
295	中水塘温泉	112.48	40.53	内蒙古自治区凉城县	县级	1999	53	地质遗迹	地热温泉
296	黑虎山-鹰嘴山	111.68	39.92	内蒙古自治区清水河县	县级	2000	3000	野生动物	野生动物及其生境
297	红格尔敖德其沟	111.70	41.52	内蒙古自治区四子王旗	县级	2002	1000	地质遗迹	花岗岩地貌
298	乌兰哈达地质遗迹	111.70	41.52	内蒙古自治区四子王旗	县级	2002	2500	地质遗迹	花岗岩地貌
299	苍山抱犊崮	118.05	34.85	山东省兰陵县	县级	1996	600	森林生态	森林、古迹
300	会宝岭水库	118.05	34.85	山东省兰陵县	县级	2000	1800	内陆湿地	饮用水源地
301	文峰山	118.05	34.85	山东省兰陵县	县级	2002	600	森林生态	森林生态系统
302	平邑蒙山	117.63	35.50	山东省平邑县	县级	2000	16500	森林生态	森林植被
303	沂河	118.62	35.78	山东省沂水县	县级	1996	40000	内陆湿地	饮用水源地
304	神木臭柏	110.14	38.68	陕西省神木市	县级	1986	7902	森林生态	臭柏林
305	米湖湿地县级自然保护区	121.93	37.19	山东省威海市文登区	县级	2010	4916.7	内陆湿地	湿地
306	乳山河湿地县级自然保护区	121.39	37.03	山东省乳山市	县级	2009	2948.2	内陆湿地	湿地
307	邹城凫山县级自然保护区	116.83	35.15	山东省邹城市	县级	2007	3000	森林生态	森林生态系统
308	郯城银杏县级自然保护区	118.15	34.57	山东省郯城县	县级	1995	6183	野生植物	银杏
309	苍山大宗山县级自然保护区	117.97	34.85	山东省兰陵县大仲村镇	县级	2000	1000	森林生态	林木

附录二　与本书相关的项目论文列表

一、 已发表的期刊论文

[1] 张海博，焦磊，张殷波，等. 山西历山国家级自然保护区千金榆群落种间分离研究. 植物科学学报，2011，（6）：668-674.

[2] 韩书权，刘莹，张峰，等. 万家寨引黄工程北干线沿线种子植物区系分析. 山西大学学报（自然科学版），2012，（4）：731-736.

[3] 刘莹，张峰，梁小明，等. 山西云顶山自然保护区野生种子植物区系研究. 植物科学学报，2012，（1）：31-39.

[4] 陈姣，廉凯敏，张峰，等. 山西历山保护区野生种子植物区系研究. 山西大学学报（自然科学版），2012，（1）：151-157.

[5] 丛明旸，石会平，张小锟，等. 八仙山国家级自然保护区典型森林群落结构及物种多样性研究. 南开大学学报（自然科学版），2013，（4）：44-52.

[6] 邓永利，张峰，刘莹，等. 万家寨引黄工程北干线沿线植被优势种群生态位. 生态学杂志，2013，32（9）：2263-2267.

[7] 毛空，张殷波，张峰. 关帝山森林植被优势种群生态位. 生态学杂志，2013，（11）：2920-2925.

[8] 刘海强，刘莹，张峰，等. 山西云顶山自然保护区野生资源植物研究. 山西大学学报（自然科学版），2013，（1）：133-138.

[9] 李旭华，邓永利，张峰，等. 山西庞泉沟自然保护区森林群落物种多样性. 生态学杂志，2013，32（7）：1667-1673.

[10] 秦浩，董刚，张峰. 庞泉沟自然保护区森林群落优势种群分布格局研究. 植物研究，2013，（5）：605-609.

[11] Luo Y J，Guo W H，Yuan Y F，et al. Increased nitrogen deposition alleviated the competitive effects of the introduced invasive plant *Robinia pseudoacacia* on the native tree *Quercus acutissima*. Plant and Soil，2014，385（1）：63-75.

[12] 赵鸣飞，王宇航，邢开雄，等. 黄土高原山地森林群落植物区系特征与地理格局. 地理学报，2014，（7）：916-925.

[13] 陈国平，程珊珊，丛明旸，等. 三种阔叶林凋落物对下层土壤养分的影

响. 生态学杂志, 2014, 33 (4): 874-879.

[14] Chi X L, Tang Z Y, Fang J Y. Patterns of phylogenetic beta diversity in China's grasslands in relation to geographical and environmental distance. Basic and Applied Ecology, 2014, 15 (5): 416-425.

[15] Chai Y F, Liu X, Yue M, et al. Leaf traits in dominant species from different secondary successional stages of deciduous forest on the Loess Plateau of northern China. Applied Vegetation Science, 2015, 18 (1): 50-63.

[16] 尹达, 杜宁, 徐飞, 等. 外来物种刺槐（*Robinia pseudoacacia* L.）在中国的研究进展. 山东林业科技, 2014, 44 (6): 92-99.

[17] 郝少英, 张峰. 山西历山自然保护区濒危植物保护等级评价. 东北林业大学学报, 2014, (6): 122-125.

[18] 秦晓娟, 高璐, 邓永利, 等. 山西平陆黄河湿地植物功能群划分. 山西大学学报（自然科学版）, 2014, (3): 454-460.

[19] 赵小娜, 秦晓娟, 董刚, 等. 庞泉沟自然保护区植物群落分类学多样性. 应用生态学报, 2014, 25 (12): 3437-3442.

[20] 武玉珍, 冯睿芝, 张峰. 褐马鸡不同组织中十种矿物元素的分布研究. 山西大学学报（自然科学版）, 2014, 37 (2): 311-315.

[21] Wang M, Wan P, Chai Y, et al. Adaptive strategy of leaf traits to drought conditions: *Quercus aliena* var. *acuteserrata* forest (the Qinling Mts. China). Polish Journal of Ecology, 2015, 63 (1): 77-87.

[22] Zhang W X, Yin D, Huang D Z, et al. Altitudinal patterns illustrate the invasion mechanisms of alien plants in temperate mountain forests of northern China. Forest Ecology and Management, 2015, 351: 1-8.

[23] Chai Y, Zhang X, Yue M, et al. Leaf traits suggest different ecological strategies for two Quercus species along an altitudinal gradient in the Qinling Mountains. Journal of Forest Research, 2015, 20 (6): 501-513.

[24] 丛明旸, 宫乐, 张玉婷, 等. 天津市植物资源新记录 I. 南开大学学报（自然科学版）, 2015, (3): 13-18.

[25] 陈国平, 程珊珊, 刘静, 等. 天津滨海湿地 3 种典型群落土壤理化性质及碳氮差异性分析. 植物研究, 2015, 35 (3): 406-411.

[26] 王烨, 金山, 秦晓娟, 等. 浊漳河干流湿地草本植物群落优势种种间关系及功能群划分. 生态学杂志, 2015, 34 (8): 2109-2114.

[27] 何毅, 刘全儒, 王宇航. 珍稀濒危植物双蕊兰——黄土高原兰科一新分

布种. 西北植物学报，2015，35（7）：1485-1487.

[28] Liu H，Yin Y，Wang Q，et al. Climatic effects on plant species distribution within the forest-steppe ecotone in northern China. Applied Vegetation Science，2015，18（1）：43-49.

[29] Liu Y，Tang Z，Fang J，et al. Contribution of environmental filtering and dispersal limitation to species turnover of temperate deciduous broad-leaved forests in China. Applied Vegetation Science，2015，18（1）：34-42.

[30] 张冰，杨丽雯，张峰，等. 大同矿区煤矸石山土壤种子库及其与地上植被的关系. 江苏农业科学，2015，（12）：344-350.

[31] 廉凯敏，吴应建，张丽，等. 太宽河自然保护区板栗群落数量分类与排序. 生态学杂志，2015，（1）：33-39.

[32] 秦晓娟，董刚，邓永利，等. 山西平陆黄河湿地植物分类学多样性. 生态学报，2015，（2）：409-415.

[33] 秦浩，董刚，张峰. 山西植物功能型划分及其空间格局. 生态学报，2015，（2）：396-408.

[34] 王韬，郝倩，刘鸿雁. 灌丛分布于坡度的关系：京津冀山地实例研究. 北京大学学报（自然科学版），2015，51（4）：685-695.

[35] Ren J Y，Kadir A，Yue M，et al. The role of tree-fall gaps in the natural regeneration of birch forests in the Taibai Mountains. Applied Vegetation Science，2015，18（1）：64-74.

[36] Chai Y，Yue M，Wang M，et al. Plant functional traits suggest a change in novel ecological strategies for dominant species in the stages of forest succession. Oecologia，2016，180（3）：771-783.

[37] Luo Y J，Yuan Y F，Wang R Q，et al. Functional traits contributed to the superior performance of the exotic species *Robinia pseudoacacia*：a comparison with the native tree *Sophora japonica*. Tree Physiology，2016，36（3）：345-355.

[38] Qin H，Wang Y，Zhang G，et al. Application of species，phylogenetic and functional diversity to the evaluation on the effects of ecological restoration on biodiversity. Ecological Informatics，2016，32：53-62.

[39] Zhang W，Huang D，Wang R，et al. Altitudinal patterns of species diversity and phylogenetic diversity across temperate mountain forests of northern China. PLoS One，2016，11（7）：e0159995.

[40] Chai Y F，Yue M，Liu X，et al. Patterns of taxonomic，phylogenetic diversity

during a long-term succession of forest on the Loess Plateau, China: insights into assembly process. Scientific Reports, 2016, 6: 27087.

[41] 王宇航, 赵鸣飞, 康慕谊. 内蒙古草原植物群落分布格局及其主导环境因子解释. 北京师范大学学报（自然科学版）, 2016, 52（1）: 83-90.

[42] 柴永福, 岳明. 植物群落构建机制研究进展. 生态学报, 2016, （15）: 4557-4572.

[43] 秦浩, 王烨, 赵小娜, 等. 小果卫矛——山西省卫矛属一新纪录种. 山西大学学报（自然科学版）, 2016, （1）: 117-119.

[44] 王烨, 秦浩, 董刚, 等. 山西油松林分类学多样性. 生态学报, 2016, （20）: 6520-6527.

[45] 苏智娇, 张峰. 山西辽东栎群落优势种群生态位研究. 山西大学学报（自然科学版）, 2016, （3）: 505-511.

[46] 张淼淼, 秦浩, 王烨, 等. 汾河中上游湿地植被 β 多样性. 生态学报, 2016, 36（11）: 3292-3299.

[47] 王秋懿, 郭伟超, 王韬, 等. 京津冀山地有刺灌木分布格局及其影响因子. 北京大学学报（自然科学版）, 2017, （3）: 545-554.

二、已出版的著作

[1] 李世广, 张峰. 山西庞泉沟国家级自然保护区生物多样性与保护管理. 北京: 中国林业出版社, 2014.

[2] 张峰, 吴应建. 中条山常见植物. 北京: 中国林业出版社, 2015.

三、发表于《植物生态学报》专辑（2019 年第 43 卷第 9 期）的论文

论文题目	作者
华北地区植物群落的分布格局及构建机制	唐志尧, 刘鸿雁
华北区域环境梯度上阔叶林构建模式及分布成因	许金石, 柴永福, 刘晓, 等
华北地区落叶松林的分布、群落结构和物种多样性	方文静, 蔡琼, 朱江玲, 等
华北地区胡桃楸林分布规律及群落构建机制分析	唐丽丽, 张梅, 赵香林, 等
山西关帝山森林群落物种、谱系和功能多样性海拔格局	秦浩, 张殷波, 董刚, 等

续表

论文题目	作者
中国北方 5 种栎属树木多度分布及其对未来气候变化的响应	张雪皎，高贤明，吉成均，等
模拟氮沉降对北京东灵山辽东栎林树木生长的影响	邹安龙，李修平，倪晓凤，等
华北地区主要灌丛群落物种组成及系统发育结构特征	柴永福，许金石，刘鸿雁，等
内蒙古西鄂尔多斯地区半日花荒漠群落特征及其分类	李紫晶，莎娜，史亚博，等
山东省滨海湿地柽柳种群的空间分布格局及其关联性	吴盼，彭希强，杨树仁，等
华北地区荆条灌丛分布及物种多样性空间分异规律	唐丽丽，杨彤，刘鸿雁，等
黄土高原腹地人工林下草本层群落构建机制	施晶晶，赵鸣飞，王宇航，等